Eva-Maria Engelen – Zeit, Zahl und Bild

Philosophie und Wissenschaft
Transdisziplinäre Studien

Herausgegeben von
Carl Friedrich Gethmann
Jürgen Mittelstraß

in Verbindung mit

Dietrich Dörner, Wolfgang Frühwald, Hermann Haken,
Jürgen Kocka, Wolf Lepenies, Hubert Markl, Dieter Simon

Band 2

Walter de Gruyter · Berlin · New York
1993

Eva-Maria Engelen

Zeit, Zahl und Bild
Studien zur Verbindung von Philosophie und Wissenschaft bei Abbo von Fleury

Walter de Gruyter · Berlin · New York
1993

♾ Gedruckt auf säurefreiem Papier, das die US-ANSI-Norm
über Haltbarkeit erfüllt.

Die Deutsche Bibliothek — CIP-Einheitsaufnahme

Engelen, Eva-Maria: Zeit, Zahl und Bild : Studien zur Verbindung von Philosophie und Wissenschaft bei Abbo von Fleury / Eva-Maria Engelen. — Berlin ; New York : de Gruyter, 1993
(Philosophie und Wissenschaft ; Bd. 2)
Zugl.: Konstanz, Univ., Diss., 1990 u. d. T.: Engelen, Eva-Maria: Abbo von Fleury
ISBN 3-11-013849-2
NE: GT

Printed in Germany
Satz: Datenkonvertierung durch Knipp Satz und Bild digital, Dortmund
Druck: Gerike, Berlin
Buchbindearbeiten: Lüderitz und Bauer, Berlin

Vorwort

Dieser Arbeit liegt die von der philosophischen Fakultät der Universität Konstanz im Oktober 1990 angenommene Dissertation „Abbo von Fleury. Philosophie und Wissenschaft im Zeichen der Zeit“ zugrunde, die für die Drucklegung überarbeitet wurde. Mein Interesse an der Verbindung von Philosophie und Wissenschaftsgeschichte ist aus einer früheren Arbeit erwachsen, nämlich der 1988 entstandenen Magisterarbeit mit dem Titel „Komputistik von Beda bis Roger Bacon“. Damals bin ich auf eine für uns heute fremde, eigentümliche Verknüpfung von Natur, Sprache und Zahl gestoßen, die sich im Laufe der Jahrhunderte in Einklang mit sich wandelnden philosophischen Vorstellungen geändert hat. Diese Beziehungen lassen sich exemplarisch an der Beschäftigung des Mittelalters mit der Zeit aufweisen, deren zugehörige Wissenschaft ‚Komputistik' genannt wurde.

Die Beschränkung der Untersuchung auf einen einzigen Autor, nämlich Abbo von Fleury, erfolgte wegen der bei diesem Autor besonders ausgeprägten Verbindung von Wort und Bild. Diese Verbindung läßt das Wissen und die Wissenschaft einsehbar werden und erzeugt im Falle einer geglückten Verknüpfung eine eindrückliche Evidenz.

Mein besonderer Dank für die selbstverständliche Art, mit der mir jegliche Hilfe gewährt und weiterführende Vorschläge gemacht wurden, gilt Arno Borst und Jürgen Mittelstraß. Ferner möchte ich Heinrich Kehl und Luc Deitz danken.

Die Arbeit ist meinen Eltern Friederike Engelen und Günter Engelen gewidmet.

Konstanz, im Januar 1992 Eva-Maria Engelen

Inhaltsverzeichnis

Einleitung

An Hand Arbeiten Abbos von Fleury soll in dieser Arbeit den Gedanken nachgegangen werden, die man sich in Philosophie und Naturwissenschaft in der Welt um 1000 gemacht hat[1]. Welche Traditionen sind hier in welcher Weise und zu welchem Zweck verarbeitet worden? Wie suchte man Gott und seinen verborgenen Weltplan mit Hilfe von Philosophie und Naturwissenschaft besser zu ergründen?

Bei der Beantwortung dieser Fragen wird man einer rationalen, für uns heute noch nachvollziehbaren Denkweise ebenso

---

1 Das folgende Zitat aus dem Buch L'An Mil von Georges Duby führt trefflich in die philosophische und naturkundliche Welt um 1000 ein:

„Les correspondances mystiques"

„La matière et les méthodes de l'enseignement impriment très profondément dans l'esprit des savants de l'An Mil la conviction d'une cohésion et d'une harmonie essentielles entre la part de l'univers que l'homme peut appréhender par les sens et celle qui échappe à ceux-ci. Entre la nature et la surnature, point de barrière, mais au contraire des communications permanentes, d'intimes et d'infinies correspondances. A travers les mots, progressant de leur signification, extérieure vers celle, de plus en plus interne, par quoi l'on s'aventure dans le domaine de l'inconnaissable, le commentaire des grammairiens et des rhéteurs, la glose qui enserre et prolonge la lecture des „auteurs", cherchent pas a pas à démeler l'écheveau embrouillé de ces relations occultes. Quant aux sciences associées du quadrivium, elles conduisent à discerner les rapports cachés qui unissent aux tons de la musique, les nombres, et le cours régulier des étoiles - c'est-à-dire à saisir l'ordonnance du cosmos – c'est-à-dire à découvrir de Dieu une image moins infidèle."

Der Abschnitt muß einem umfassenden und tiefen Einblick in die Zeit um die Jahrtausendwende entspringen, denn eine Quelle wird nicht genannt, und in welchem Ausmaß die Worte auf Abbo von Fleury zutreffen, kann Duby, der von dessen Werk nur den „Liber Apologeticus" zitiert, auch nicht gewußt haben.

begegnen wie einer mystisch anmutenden Zahlensymbolik. Die Vorstellung von der Ordnung der Welt nach Maß, Zahl und Gewicht[2] führt zu einer Mathematisierung von Bewegungsabläufen, die uns rational erscheint, während die Zahlensymbolik für uns mystische Analogien bereithält.

Das dringlichste Problem in Philosophie und Naturwissenschaft ist für Abbo das schwierige Rätsel „Zeit" gewesen. Ist die Zeit teilbar? Und wenn ja, was können die ihr zugrunde liegenden Elemente sein, und wie können wir sie bestimmen? Um dem Phänomen der Zeit auf die Spur zu kommen, hat Abbo die ihm zur Verfügung stehenden Wissenschaften – Arithmetik, Logik, Astronomie und Komputistik (d.i. Zeitrechnung) – zu Hilfe genommen. Es sind Wissenschaften, deren Nutzen er auch für das Verstehen der Regeln und Formen[3], die der von Gott geschaffenen Welt als Ordnung zugrunde liegen, herangezogen hat. Dieser Aspekt in Abbos Werken ist in der Forschung bisher nicht zur Sprache gekommen, weder in der Geschichte der Naturwissenschaften und der Philosophie, noch in der Abbo-Forschung, obwohl Abbo von Fleury (ca. 940-1004) in den vergangenen Jahren erhebliche Aufmerksamkeit geschenkt worden ist.

Er ist bisher lediglich als Autor logischer Schriften[4], einer lateinischen Grammatik[5] und als Abt und kirchenpolitischer Reformer des Klosters Fleury[6] bekannt geworden. Sein philosophisches und naturwissenschaftliches Hauptwerk, der Kommentar zum „Calculus" des Victorius (5. Jh.), ist dagegen bis

---

2 Sapientia 21, Vers 11.

3 Formen sind bei Abbo die platonischen Ideen. Die Terminologie Abbos soll im folgenden beibehalten werden.

4 Abbo von Fleury, Syllogismorum categoricorum et hypotheticorum enodatio, in: A. van de Vyver, Abbonis Floriacensis. Opera inedita I, hrsg. v. R. Raes, Brugge 1966. Häufiger benutzte Werke werden im folgenden abgekürzt zitiert.

5 Abbo Floriacensis, Quaestiones Grammaticales, hrsg. u. übers. v. A. Guerreau-Jalabert, Paris 1982.

6 M. Mostert, The Political Theology of Abbo of Fleury. A Study of the Ideas about Society and Law of the Tenth-Century Monastic Reform Movement, Hilversum 1987.

heute nicht ediert[7]. In den neueren Arbeiten wird Abbo nur in Mosterts Arbeiten, zumindest was seine Tätigkeiten als Kirchenreformer und Politiker betrifft, als ein umfassenderer Denker dargestellt, während Evans und Peden der verbreiteten Gelehrtenmeinung folgen, nach der Abbo, im Gegensatz zu seinem Mitstreiter Gerbert von Aurillac, innerhalb der einzelnen Disziplinen wenig zu deren Weiterentwicklung beigetragen hat. Diese Ansicht konnte sich halten, obwohl van de Vyver, wie man im folgenden Kapitel sehen wird, bereits 1929 die Bedeutung Abbos für die Philosophie der Vorscholastik erkannt hat. Er konnte seine Vorarbeiten zu einer Gesamtedition aber nicht zum Abschluß bringen.

Über Abbos Leben sind wir durch die „Vita Abbonis"[8] seines Schülers Aimon gut informiert. Er war nicht von vornehmer Herkunft und wurde als Oblate nach Fleury geschickt, um dort die Klosterschule zu besuchen. Seine Ausbildung durfte er in Reims und Paris vervollständigen. Nach Fleury ist er wahrscheinlich nach 970 zurückgekehrt, wo er in der folgenden Zeit bis zur Stellung des armarius gelangte, die ihn Haupt der Schule und der Bibliothek werden ließ. In den Jahren 985-987 ging Abbo nach Ramsey ins Mönchsexil, wohin er seine Kenntnisse der Wissenschaften mitnahm und weitervermittelte.

Während seiner Zeit in England hat Abbo die Heiligenlegende des hlg. Edmund auf Wunsch des Erzbischofs Dunstan und die „Quaestiones Grammaticales" geschrieben. Des weiteren befinden sich in englischen Bibliotheken astronomische Traktate Abbos. Er scheint demnach fortwährend in den beiden ihm eigenen Tätigkeitsbereichen, der Theologie und der Wissenschaft, gearbeitet zu haben. Denn auch in den Jahren seiner

---

7 Eine Edition ist von Peden angekündigt. G. R. Evans und A. M. Peden, Natural Science and the Liberal Arts in Abbo of Fleurys Commentary on the Calculus of Victorius of Aquitaine, in: Viator. Medieval and Renaissance Studies 16 (1985), S. 327-332.

8 Vita Abbonis, in: Migne PL 139, Sp. 375-414; vgl. auch: A. Guerreau-Jalabert, S. 24-30, und insbesondere: M. Mostert, The Political Theology, S. 40-64.

Abtszeit in Fleury, die nach seiner Rückkehr aus England begonnen hatte, muß er sich fortwährend gleichzeitig mit der Reform seines Klosters und mit Komputistik und Astronomie beschäftigt haben.

In dieser Zeit entsteht auch der „Liber Apologeticus", in dem Abbo seine Vorstellung einer dreigeteilten Gesellschaft darlegt; ferner stellt er eine Sammlung kanonischer Gesetze zusammen, die „Collectio Canonum", und verfaßt eine Anzahl von Briefen, die sich thematisch fast alle mit der Klosterreform befassen. Abbo, der die ihm folgenden Generationen zu Äußerungen wie „magnus philosophus"[9], „florentissimus philosophus"[10] veranlaßte und von dem man sagte „[...] multam scientiae frugem Angliae invexit"[11], war eben auch ein rühriger Kirchenpolitiker und Kirchentheoretiker.

Abbos theologische Schriften, von denen auch als politischer Theologie gesprochen wird, haben auch in ihrer äußeren Form eine starke Ähnlichkeit mit seinen philosophischen und komputistischen Schriften. Auch diese enthalten keine systematisch zusammenhängende Darstellung, sondern nur in fragmentarischer Form Antworten auf Fragestellungen[12]. Ein gemeinsamer Gedanke muß aus diesen Fragmenten wie aus den philosophischen Arbeiten erst rekonstruiert werden. Es dürfte sich daher kaum um einen Zufall handeln, wenn in dem, was Marco Mostert als Zusammenfassung von Abbos politischer Theologie herausgearbeitet hat, wie in allen übrigen Werken Abbos von Einheit und Zeit die Rede ist: Gott ist die Quelle allen Seins und unveränderlich, im Gegensatz zum Menschen, der der Zeit und damit Veränderungen unterliegt[13].

---

9 Fulbert von Chartres, Epist. 2, Migne PL 137, Sp. 190 B/C.

10 Odolric, Abt von Saint Martial de Limoges, Mansi XIX, S. 511 und Migne PL 142, Sp. 1356f.

11 Wilhelm von Malmesbury, De gestis pontificium Anglorum, 1 III, De Sancto Oswaldo, hrsg. v. N. E. Hamilton, Nendeln 1964, Repr. d. Ausg. London 1870, S. 249.

12 M. Mostert, The Political Theology, S. 67-69.

13 Ebd., S. 197-199.

Die irdischen Probleme betreffend mußte man sich demnach auf Autoritäten stützen, auf Menschen, Institutionen oder Gesetze, denen Abbo um so mehr Vertrauen aussprach, um so älter sie sich erwiesen[14].

Eine dieser Autoritäten, der König, fungierte für Abbo in seinen Vorstellungen von einer christlichen Gesellschaftsordnung als Symbol der Einheit der kirchlichen Ordnung[15]. Der König sollte als Gegenleistung für die Nutzung der ihm unterstellten Klöster diese vor Übergriffen schützen, die nicht etwa nur von weltlichen, sondern auch von kirchlichen Fürsten drohten. Die Schutzfunktion des Königs sollte nach Abbo jedoch nicht auf die ihm unterstellten Klöster beschränkt sein, sondern die gesamte Kirche umfassen. In der Dreiteilung der Gesellschaft sollten die Mönche vor den Klerikern und den Laien in der Hierarchie an oberster Stelle stehen, weil nur sie in der Abgeschiedenheit von der Welt Zeit und Muße für christliche Kontemplation aufbringen konnten. Ihnen war es möglich, über Gottes Wollen, seine Worte und Zeichen, mithin über die Verbindungen Gottes zum Menschen, nachzudenken. Der König als Symbol der Einheit für die kirchliche Ordnung sollte den Mönchen in den Klöstern jene Ruhe und philosophische Muße sichern, von der wir in Abbos philosophischen Werken noch hören werden, die er aber wohl selbst neben seiner Arbeit als Abt, Kirchenpolitiker und Theoretiker nicht fand.

In seinem Kommentar zum „Calculus" des Victorius, den Abbo neben den genannten Tätigkeiten schrieb, legte er seine platonische Auffassung über die Welt sowie seine Überlegungen zur Einheit dar, die es für ihn zu begreifen gilt, wenn man verstehen will, was es letztlich bedeutet, von dem einen Gott zu sprechen. Den Gedanken der Idee der Einheit verfolgt

---

14 Ebd., S. 87.

15 Ebd., S. 93. Der Grund für diese dem König zugedachte Rolle kann darin gesehen werden, daß das Kloster Fleury dem König unterstellt war, er kann aber auch in der Vorstellung begründet sein, daß stets eine Person an der Spitze einer Ordnung stehen soll.

Abbo von der mittelalterlichen Zahlentheorie bis zur Zeitrechnung und Astronomie; selbst die Kartographie nimmt er, für uns heute unverständlich, davon nicht aus. Der Einheit wird in Zahlentabellen zur Zeit und in astronomischen Diagrammen, in der Sprache, in Darstellungen von der Erde nachgegangen. Dabei ist er stets bemüht, die Verbindungen zwischen den Disziplinen nicht aus den Augen zu verlieren und diese in den Dienst der für ihn wichtigsten Disziplin, der Komputistik (Zeitrechnung), zu stellen.

Der Zeitbegriff in Philosophie und Wissenschaft des Mittelalters ist mit Sicherheit nicht einheitlich, weshalb es erforderlich ist, die Abhandlungen einiger Autoren zur Zeit selbst dann vorzustellen, wenn sie keinen unmittelbaren Einfluß auf Abbo von Fleury gehabt haben. Es müssen im folgenden daher einige Autoren herausgegriffen und viele vernachlässigt werden, um Hintergründe einer Entwicklung aufzeigen zu können, die mit Abbo von Fleury nicht endete, deren weiteren Verlauf er aber eine philosophische Wende zu geben verstand, ohne die Komputistik dabei als mittelalterliche Wissenschaft von der Zeitrechnung zu vernachlässigen. Dadurch setzt er sich in gleicher Weise von Philosophen der Zeit, wie Augustin und Johannes Scottus Eriugena, und Berechnern und Bewahrern der Zeit, wie Beda Venerabilis, ab. Als Komputist bezieht sich Abbo von Fleury wie alle Zeitrechner auf Beda, als Philosoph auf Johannes Scottus Eriugena.

Wie bei vielen mittelalterlichen Denkern sieht es bei Abbo von Fleury zunächst so aus, als habe er ausschließlich Textstellen vorangegangener Autoritäten aneinandergereiht, ohne eigene Gedankengänge hinzuzufügen. Und in der Tat besteht die Hinzufügung bei Abbo fast ausschließlich in der Auslassung, die, wenn sie als bewußte Auslassung gedeutet wird, ein anderes, neues Bild ergibt.

Augustin ist der erste gewesen, der durch den Bezug einer inneren anthropologischen Zeitform auf eine äußere vorgegebene Zeitform zu *einer* ordnenden Orientierung des Menschen in seiner individuellen Zeit und in der Zeit der Natur, der Geschichte und der Heilsgeschichte gelangte. Diese Ordnungsfunktion der Zeit bestand für ihn – und wegen ihrer Bedeutung für die Heilsgeschichte für das gesamte Mittelalter bis hin zu Roger Bacon – in Erinnerung, Wahrnehmung und Erwartung. Dieses Grundmuster zeitlichen Denkens hat Beda in seinen Schriften zur Zeit[16] für die Komputistik übernommen. Fortan sollte die Berechnung des Osterfestes an die Auferstehung Jesu erinnern, sollte Zeit durch Berechnung wahrgenommen werden und die Erwartung der eigenen Auferstehung und das Seelenheil sowie das erneute Kommen des Erlösers ins Gedächtnis gerufen werden. Dies galt für Komputisten in gleicher Weise wie für Verfasser von Martyrologien und Chroniken; das Erinnern der Vergangenheit sichert die Wahrnehmung der Gegenwart und die Erwartung der Erlösung.

Seit Augustin ist das Nachdenken über die Zeit auch durch die Reflexion über die Begriffspaare ‚Zeit und Ewigkeit', ‚Zeit und Zahl' und ‚Zeit und Wort' geprägt, die nur im letzten Fall ursprünglich christlicher Tradition entspringen. Damit können die artes und die Philosophie in keiner der mittelalterlichen Traktate zur Zeit unberücksichtigt bleiben. „Was ist Zeit"? ist immer auch eine Frage nach der Bewegung, nach der Zahl, nach dem Anfang und dem Ende. Erinnern und Erwarten setzen außerdem voraus, daß man weiß, wo man sich befindet, welche Entwicklung die Menschen bereits vollzogen haben und welches Datum wir schreiben. Die vergangene, gegenwärtige und zukünftige Zeit muß berechnet werden, was Aufgabe der Komputistik ist, und das Geschehene muß berichtet werden, d. h., der Geschichtenerzähler muß zum Historiker werden. So wird die Erinnerung an die Auferstehung von Beda mit der eigenen Lebenszeit in Verbindung gebracht, da die richtige Feier des Osterfestes auch dazu auffordert, das Leben in Vorbereitung auf den Zeitpunkt der eigenen Auferstehung auszurichten. Das richtige Maß und Verhältnis der Zeiteinteilung

---

16 De temporibus liber, in: Beda Venerabilis Opera, Pars VI, Opera Didascalia 1, hrsg. v. Ch. W. Jones, in: CC 123A, Turnholt 1975. De temporum ratione liber, in: Beda Venerabilis Opera, Pars VI, Opera Didascalia 2, hrsg. v. Ch. W. Jones, in: CC 123B, Turnholt 1977.

sollte allerdings nicht dazu benutzt werden, das Weltende als Zeitpunkt der Auferstehung vorauszuberechnen oder Haarspalterei mit der Zeiteinheit ‚Atom' zu betreiben[17]. Dies zu tun, hieße nach Beda und wohl auch Abbo, das christliche Zeitverständnis mißzuverstehen, denn die Beschäftigung mit der Zeit dient allein der Vorbereitung auf die Ewigkeit. Die Zeit muß in ihrem Verhältnis zur Ewigkeit erklärt werden, und zwar sowohl hinsichtlich ihres ontologischen Status als auch des Werdens der Zeit aus der Ewigkeit und Rückkehr in diese; dabei gilt die rechte Nutzung der Zeit als ein Garant für die Erlangung der Ewigkeit. Augustin und Beda legten ihren Lesern die Vorbereitung auf die Ewigkeit ans Herz, Beda und Hermann der Lahme die Nutzung der Zeit. Dabei warnten Beda und Abbo von Fleury vor der Annahme, die Zeit der Auferstehung könne berechenbar sein, und das obwohl oder gerade weil beide einen Gutteil ihres Lebenswerkes mit der Berechnung der Zeit zubrachten.

Diesselbe Zeitlichkeit, in die sich der Mensch mit Hilfe von Erinnerung, Wahrnehmung und Erwartung einordnet, wird mit Hilfe von Erinnerung, Wahrnehmung und Erwartung des zeitlich, also wirklich Gewordenen überwunden, indem die Erinnerung an das Leben Christi und seine Auferstehung am Ende der Welt die Seele der Ewigkeit näher bringt. Die besondere Stellung, welche der irdischen Geschichtsschreibung für die richtige Wiedergabe vergangener Ereignisse zukommt, die große historische Sorgfalt, welche bei der Erinnerung vonnöten ist, hatte bereits Augustin dem prophetischen Weitblick der biblischen Geschichtsschreibung, die die Erwartung rechtfertigt, gegenübergestellt[18] und der historischen Sorgfalt, die die Erinnerung zur Seelenrettung bewahren soll, die Methode der Zeitrechnung anempfohlen[19]. Das Verhältnis der irdischen

17 Jones (Hrsg.), CC 123B, S. 277 Z. 27-31 und S. 278 Z. 41-45.

18 Augustin, Gottesstaat. De Civitate Dei, Bd. 1, Buch I-XVI, übers. v. C.J. Perl, Paderborn/München/Wien 1979, XVI, c. 2, S. 98/100.

19 Augustin, De doctrina christiana, hrsg. v. G. M. Green, CSEL LXXX, Wien 1963, II., 109, S. 65.

zur biblischen Geschichtsschreibung ist bei Beda Venerabilis noch ausgewogen. Er fügt seinem komputistischen Hauptwerk „De temporum ratione“ eine Chronik der sechs Weltalter an, in der er, beginnend bei Adam, Noah und Abraham, religiöse und historische Daten erfaßt.

Von dieser offensichtlichen Verbindung von Geschichte mit Heilsgeschichte und Zeitrechnung wird bei Abbo von Fleury nichts mehr zu finden sein. Dieser versuchte vielmehr der Ewigkeit über das Aufdecken ewiger Formen, d. h. platonischer Ideen, näherzukommen. In diesen ist aber von einer Geschichte keine Spur mehr übriggeblieben. Die Zeitrechnung findet ihren Höhepunkt bei Abbo von Fleury in einem ewigen Kalender, der sich auch heute noch verwenden ließe. Die sich erinnernde Seele wird sich bei Abbo mit dem Auferstehungsdatum Christi begnügen und an diesem Datum sich immer wieder wiederholende Zeitzyklen korrigieren.

Die Zeit hinter den Phänomenen, welche die Zeit anzeigen, aber selbst nicht Zeit, sondern nur deren Abbild sind, ist bereits ein Thema Augustins. Für diesen sind die von Gott geschaffenen Gestirne Zeichen der Zeit, an Hand derer sich die Zeiten, Tage und Jahre bestimmen lassen[20], auch wenn diese Zeichen, wie wir in der Bibel nachlesen können, nur eine, wenn auch von Gott gegebene, Konvention darstellen. Gott kann die Sonne stillstehen lassen und während dieser Zeit dennoch Zeit vergehen lassen[21]. Noch weiter geht Johannes Scottus Eriugena, für den Zeit schlicht zu einem Prozeß wird, den wir zwar an den Dingen wahrnehmen können, der aber selbst wiederum nur Abbild eines anderen Prozesses ist. Gemeint ist ein Prozeß, welcher Gottes Ideen über die Welt in die Zeit und damit in die Wirklichkeit versetzt hat und sie am Ende des

20 Augustin, Confessiones/Bekenntnisse, hrsg. u. übers. v. J. Bernhart, München 1980^4, XI, 23, 29, S. 646.

21 Augustin, Conf. XI, 23, 30, S. 650.

Prozesses Zeit auch wieder aus der Zeit heraus, zurück zu Gott, in die Einheit zurückbringen wird[22].

Bei Augustin ist Zeit nicht durch das Wahrnehmen der zeitlichen Abbilder garantiert, sondern durch das Erinnern der Seele[23], welche eine platonische, d. h. eine erkennende Seele ist. Diese garantiert die Erkenntnis der Zeit erst durch die Form des Erinnerns, Wahrnehmens und Erwartens[24]. Dabei irritiert es Augustin nicht, daß die Zeit nach dem Wortlaut der Bibel eine von Gott geschaffene Entität darstellt, für welche die Gestirne Zeichen der Zeit bleiben. Bei Eriugena ist Zeit jedoch das, was sie auch bei Platon ist, nämlich ein Abbild, wenn auch nicht Abbild des aion, sondern Abbild eines Prozesses, der für Werden und Vergehen ursächlich ist.

Auch für Abbo von Fleury, der die philosophische Konzeption Eriugenas übernimmt, stellt die Zeit das Abbild eines Prozesses dar, der in die Einheit, also Gott, zurückführt. Die Gestirne bleiben für ihn aber Zeichen der Zeit, welche uns von Gott in einer Ordnung nach Maß und Zahl gegeben und deshalb auch berechenbar ist. Die Bewegung der Gestirne ist für Abbo ebensowenig wie für Augustin oder Eriugena Zeit. Ihm dient der Tag zu 24 Stunden aber dennoch als Recheneinheit für seine Zeitrechnung und als Abbild des Zeitprozesses gleichermaßen, wogegen Augustin den Tag bereits zur Bestimmung der Zeit als Konvention abgelehnt hat[25] und Eriugena

---

22 Vgl. E.- M. Engelen, Zeit als Prozeß und Abbild. Der Zeitbegriff bei Johannes Scottus Eriugena. (im Druck)

23 Seele und Bewußtsein sind bei Augustin identisch. Der christlichen Seele kommt zusätzlich platonisches Erkenntnisvermögen zu, was dazu geführt hat, daß ‚animus' häufig auch mit ‚Bewußtsein' übersetzt wird. Die Verbindung von platonischer Erkenntnistheorie und Christentum verdeutlicht auch, weshalb der biblischen und irdischen Geschichtsschreibung, dem Erinnern also, eine so herausgehobene Stellung für die Seelenrettung, die dem Erkennen gleichzusetzen ist, zukommt: Erkennen heißt bei Platon Erinnern der Seele.

24 Das Verhältnis von Zeiterkenntnis durch das Bewußtsein und Zeiterkenntnis durch Geschichte bei Augustin muß hier offenbleiben.

25 Augustin, Conf. XI, 23, 30, S. 648.

ihn als anthropozentrisches Zeitmaß gänzlich verwirft[26]. Wer aber, wie Abbo, Wissenschaft zur Rettung des Menschen betreiben will, macht sich die Mühe, ein um die andere Zeitrechentabelle zu sammeln, deren Grundeinheit der Tag ist, um den Prozeß zur Einheit hin veranschaulichen zu können.

Die Zeit ist für Abbo von Fleury wie für Eriugena Abbild eines Prozesses, der am Ende der Welt in die Einheit führen wird, und letztlich nicht an den Dingen selbst, sondern nur mit Hilfe des Verstandes erfaßbar ist[27]. Das Weltende kann schon deshalb für Abbo nicht berechenbar sein, weil es Ergebnis eines Prozesses sein wird, der nicht berechenbar, sondern eine Form des Verstandes ist, obgleich sein Abbild die Zeit und berechenbar ist[28].

---

26 Johannis Scotti Eriugenae, Periphyseon (De Divisione Naturae), Liber Tertius, hrsg. v. J. P. Sheldon-Williams, zs. mit L. Bieler, Dublin 1981, 727B-727C, S. 272. An dieser Stelle legt Eriugena dar, daß es Tag und Nacht auf Grund der Konstellation der Himmelskörper nur für den Menschen gibt, nicht aber generell für das Universum.

27 Johannis Scotti Eriugenae, Periphyseon (De Divisionae Naturae), Liber Secundus, hrsg. v. J. P. Sheldon-Williams, zs. mit L. Bieler, Dublin 1972, 528A, S. 10.

28 Fried nimmt an, daß Abbo, obgleich er die Berechenbarkeit der Zeit ablehnt, ein nahes Weltende befürchtet. Diese Spekulationen scheinen mir aber insofern ungerechtfertigt, als Abbo sich die Mühe macht, Kalender für zukünftige Generationen anzulegen. Vgl. J. Fried, Endzeiterwartung um die Jahrtausendwende, in: Deutsches Archiv 45 (1989), S. 381-473, hier S. 422-424.

I. Der Kommentar zu dem „Calculus" des Victorius

1. Die Stellung des Kommentars in Abbos Werk

Der Kommentar zum „Calculus" des Victorius war kein Vorwand, um lange Ausführungen über die Philosophie, Astronomie und Physik zu verfassen, wie es in der Forschung[1] bisher behauptet wurde. Der Kommentar, sein Inhalt und seine Gestalt als Erklärung zu den Multiplikationstabellen des Victorius[2] entspringen vielmehr der Überzeugung Abbos, daß der Kommentar des Victorius, wie auch die Philosophie, die Astronomie und die Physik, vom Aufbau der Welt[3] handeln. Denn für Abbo werden durch die Beschäftigung mit den Formen[4], wie sie durch die Mathematik und die Logik offengelegt bzw. einsichtig gemacht werden, der Aufbau der Welt und damit die von Gott gegebenen Zeichen für seine Schöpfung erkennbar.

Nach einem weiteren Vorurteil der Forschung soll sich Abbo vorwiegend mit Logik, sein Gegenspieler Gerbert von

---

1 A. van de Vyver, Les Oeuvres inédites d'Abbon, in: Revue Bénédictine 47 (1935), S. 125-169, hier S. 138. W. Christ, Über das Argumentum calculandi des Victorius und dessen Commentar, in: Sitzungsberichte der Königlichen Akademie der Wissenschaften. Phil.-hist. Klasse 1863 I, S. 100-152, hier S. 120.

2 Vgl. hierzu J. Tropfke, Geschichte der Elementarmathematik, Bd. 1, hrsg. v. K. Vogel, K. Reich und H. Gericke, Berlin/New York 1980[4], S. 105. Und Victorii Calculus, hrsg. v. G. Friedlein, in: Bulletino di bibliografia e di storia delle scienze matematiche e fisiche 4 (1871), S. 443-463.

3 MS Berlin Phill. 1833, Eintrag 138, in: Die Handschriften Verzeichnisse der Königlichen Bibliothek zu Berlin, 12. Band, Verzeichnis der lateinischen Handschriften, hrsg. von V. Rose, Berlin 1893, Bl. 8va und Bamberg MS. Class. 53 Bl. 8r „totius mundi formatio". Für Berlin Phill. 1833 wurde die noch ungedruckte Handschriftenbeschreibung von A. Borst benutzt.

4 Der Begriff wird erst im folgenden durch die angeführten Verwendungsweisen Abbos verständlicher werden.

Aurillac vorwiegend mit dem Quadrivium[5] beschäftigt haben. Auch hierzu wird man sehen, daß insbesondere Abbo in seinen Werken eine Verbindung von Quadrivium und Trivium angestrebt hat.

Abbo hat den Kommentar sicher vor den „Quaestiones Grammaticales“, in denen er auf den Kommentar bereits verweist, verfaßt. Die Grammatik aber, das gilt als gesichert, hat er in England geschrieben, wo er von 985 – 987 in Ramsey unterrichtet hat. Abbo hat den Kommentar demnach vor 987 geschrieben. Es ist sogar anzunehmen, daß die Entstehung des Kommentars noch in die Zeit davor fällt, weil er sich in England mit Arbeiten in Astronomie und Grammatik beschäftigt hat, die ein intensiveres Studium innerhalb der jeweiligen Disziplinen erkennen lassen, welches es wahrscheinlich macht, daß der weiterreichende philosophische Entwurf vorangegangen ist.

2. Die Handschrift Berlin Phillippicus 1833

Die vorliegende Arbeit geht von einer These aus, die von van de Vyver, bisher unwidersprochen, schon 1935[6] aufgestellt wurde. Demnach wurden die Arbeiten und Abschriften dieser Handschrift für oder vielleicht sogar von Abbo selbst zusammengestellt. Diese Annahme begünstigt das Zurechtrücken eines weiteren Vorurteils der Forschung, nach welchem alle Handschriftenkompilationen naturkundlichen Inhalts in ihrer Zusammenstellung gerne als Lehrbücher für den Unterricht in den Klosterschulen klassifiziert werden[7]. Mag

5 Differenzierend zum politischen und wissenschaftlichen Verhältnis zwischen Abbo und Gerbert zuletzt: A. Borst, Astrolab und Klosterreform an der Jahrtausendwende, Sitzungsberichte der Heidelberger Akademie der Wissenschaften, Phil.-hist. Klasse 1989 I, Heidelberg 1989, S. 65-68.

6 Van de Vyver, Oeuvres inédites, S. 139.

7 Z. B. H. Bober, An illustrated medieval schoolbook of Bede's ‚De natura rerum', in: Journal of the Walters Art Gallery, Vols. 19-20 (1956/1957),

diese Einordnung als Lehrbuch auch in den meisten Fällen zutreffend sein, verstellt sie doch den Blick darauf, daß auch die Gedankengänge eines Mönchs um die Jahrtausendwende über die bloße Rezeption hinausgegangen sein könnten.

Wenn es in der Literatur zum Beispiel heißt, daß die Bibliothek in Fleury unter Theodulf 798 zu einer „Lehrbuchbibliothek" ausgebaut wurde[8] – was daran abgelesen wird, daß von einigen Werken mehrere Exemplare vorhanden waren –, so erklärt dies noch nicht, zu was die Mönche eigentlich erzogen werden sollten. Ob es sich um ein artes Studium im Sinne eines Boethius, Isidor oder eines Karl des Großen gehandelt hat und ob die Beherrschung der artes weiterhin allein als Instrumentarium zur Bibelexegese genügen sollte, wird nicht ersichtlich.

Vielleicht hätte man bereits über die Beantwortung dieser Frage zu einer anderen Einschätzung der Lehrtätigkeit der Zeit gelangen können. Zeigt nicht bereits Abbos Auffassung des monastischen Lebens als „mühsame Muße geistlicher Philosophie"[9] an, daß die Benutzung der Lehrbuchsammlung einer Neuordnung des monastischen Lebens und der philosophischen Weltsicht dienen sollte[10]?

Meine eigene Fragestellung bezüglich der Handschriftenkompilation in MS Berlin Phill. 1833 war jedoch zunächst eine andere.

Ausgehend von den komputistischen Tabellen Abbos und der Idee, daß hinter der Sichtbarmachung immer wieder auftauchender Regelmäßigkeiten und der Wiederholung verschie-

---

S. 64-97. Differenzierend hingegen G. R. Evans, A. M. Peden, Natural Science and the Liberal Arts, in: Abbo of Fleurys Commentary on the Calculus of Victorius of Aquitaine, in: Viator. Medieval and Renaissance Studies 16 (1985), S. 109-127, hier S. 112.

8 M. Mostert, The Library of Fleury. A provisional List of Manuscripts, Hilversum 1989, S. 21 und S. 22 Fn. 16.

9 Abbo, Liber Apologeticus, Migne PL 139, Sp. 461B-472A. M. Mostert, The Political Theology, S. 27f; Borst, Astrolab, S. 62.

10 Borst, Astrolab, S. 62: „Klösterliches Leben war Reflektion im doppelten Sinn: nachdenkliche Erforschung und ungetrübte Wiederspiegelung von Gottes kosmischer Ordnung."

dener gleichartiger Tabellen ein Versuch der Sichtbarmachung der Regelmäßigkeiten von Vorgängen in der Welt stecken könnte, wurde die Bestätigung hierfür im Kommentar zum „Calculus" des Victorius gesucht, der sich in derselben Handschrift wie die Tabellen befindet. Die Handschrift Berlin wurde demnach abweichend von dem, was man gewöhnlich vorfindet oder vorzufinden glaubt, als Sammlung von für einen Autor zusammengestellten Schriften gelesen, die in der Gesamtschau seine Ideenwelt enthalten. Diese Vorgehensweise wäre, selbst wenn sich herausstellen sollte, daß die Zusammenstellung nicht für Abbo erfolgte, insofern noch gerechtfertigt, als der Kommentar zweifelsfrei von Abbo selbst stammt und die komputistischen Tabellen und die geometrischen Figuren des Calcidius wiederum, wie sich zeigen wird, in direktem Zusammenhang mit dem Kommentar stehen.

3. Die Quellen zu Abbos Kommentar

Abbo selbst nennt Namen wie Platon, Aristoteles, Calcidius, Macrobius und Boethius, ohne sie jedoch, außer bei Calcidius, Boethius und Macrobius, als Quelle anzuzeigen – was seinem tatsächlichen Quellengebrauch auch entspricht, denn Platon- und Aristotelestexte lagen ihm im Original nicht vor.

An wörtlichen Textübernahmen kann man nur zwei Calcidiuszitate ausmachen, bei allen anderen Passagen, die inhaltlich und begrifflich an Boethius, Macrobius, Calcidius oder sogar an Johannes Scottus Eriugena erinnern, ist keine wörtliche Übernahme erfolgt. Deren Gedankengänge wurden vielmehr überdacht in das eigene Anliegen einbezogen.

Lange, direkte Zitate hat Abbo wohl nur aus „De statu animae" des Claudianus Mamertus (gest. 474) übernommen. Auf Grund von gelegentlich verwendeten griechischen Vokabeln, die sich weder bei Calcidius, noch bei Macrobius wiederfinden, läßt sich jedoch vermuten, daß Abbo noch eine weitere, bisher nicht mit ihm in Verbindung gebrachte Quelle verwendet hat.

II. Der Inhalt des Kommentars

1. Die Einteilung der Wissenschaften

Abbos Vorstellung von den Fächern und Instrumentarien, durch welche ein Schritt weiter in Richtung auf die Erkenntnis der Welt und damit zu Gott getan werden kann, geht nicht in erster Linie von der Fächergliederung der sieben artes liberales, sondern von der pythagoreisch-platonischen Philosophieauffassung des Boethius aus[1].

Die Philosophie, aufgeteilt in durch Gott vermittelte Liebe zur Weisheit, Logik und Physik, stellt für Abbo einen Weg dar, die Welt zu verstehen und sich auf das Reich Gottes vorzubereiten. Er sieht ihre drei Teile in einem hierarchischen Verhältnis, deren höchste Stufe die Vorbereitung auf die von Gott vermittelte Weisheit[2] ist.

Dieser Vorbereitung sollte einerseits die Logik durch Begreifen der Sprache und ihrer Möglichkeit per Syllogismen über wahr oder falsch zu entscheiden[3], und andererseits die Physik mittels Beschäftigung mit Zahl, Maß und Gewicht dienen[4].

---

1 M. Mostert, The Political Theology, S. 27-28. Borst, Astrolab, S. 62 Fn. 99. Boethius, Isagoge Porphyrii, hrsg. v. S. Brandt, CSEL 48, Leipzig 1906, Liber I, Kap. 3 und 4. Zu Gerbert: Richer, Historiae, hrsg. v. R. Latouche, Vol. II, Paris 1964², Buch III, § 59. Die Philosophie wird in die intelligible Mathematik (bei Abbo Logik!), Physik und die intellectible Theologie eingeteilt.

2 Christ, S. 120 übersetzt ‚sapientia' mit ‚Ethik'. In diesem Sinne auch Mostert, The Political Theology, S. 164.

3 Berlin Phill. 1833 Bl. 14ra; Bamberg 53 Bl. 26r „Ratio vero per causa interdum accipitur ut in hoc loco ubi fecit epembasin id iteratione licet proprie sit aspectus animi quo discernit vera a falsis, unde trahitur ratiocinatio hoc est rationis ad veritatem per argumenta probatio quae grece dicitur syllogismus."

4 Berlin Phill. 1833 Bl. 8va; Bamberg 53 Bl. 8r „Cuiusque inventionis materies sumitur ex omnibus partibus philosophiae ad exercendum iudi-

Die genannte Einteilung und ihre inhaltliche Behandlung in der Einleitung zum Kommentar des Victorius sollen nach Abbo den Rahmen für Sinn und Zweck einer Beschäftigung mit den einzelnen Disziplinen vorgeben, wie er sie selbst auf den Gebieten der Logik und Komputistik[5] verfolgt hatte. Diesen Rahmen bezog Abbo auf eine Annäherung an Gott mittels Erkenntnis der von diesem gegebenen Zeichen in der Welt, die nicht in einem Jenseits, sondern bereits in einem Diesseits begonnen werden durfte, um auf eine Erlösung vorbereitet zu sein.

Anders Gerbert von Aurillac. Er greift selbst dort, wo er in seiner Schrift „De rationali et ratione uti" auf platonische Begriffe Bezug nimmt[6], nicht wie Abbo auf eine geistliche Philosophie zurück. Die Fächerspezialisierung bleibt für Gerbert im Vordergrund.

Auch Gerbert konnte Einheit und Vielheit nicht zugleich denken, er versuchte es nicht einmal. Beide, Gerbert und Abbo, waren nicht nur die bedeutendsten Gelehrten ihrer Zeit, sondern auch rührige Politiker. Gerbert übertraf Abbo in seiner Weltzugewandtheit jedoch bei weitem, und so dürfte es ihm keineswegs eingeleuchtet haben, daß man die notwendige Ruhe für das Jüngste Gericht allein durch die von Abbo gepriesene Muße behalten würde[7].

Muße, von der Macrobius gesagt hatte, daß man sie benötige, um sich dem Göttlichen zuwenden zu können[8], benötigte

---

cium per negotii qualitatem. Est autem una pars eius physica, qua precipue numeri mensure et ponderis continetur excogitata facultas quam etiam duce Victorio persequi deliberamus, si erit otium per quatuor matheseos disciplinarum quadruvium, quod et eorum exemplo indiguerit totius mundi formatio."

5 Migne PL 90, Sp. 727-858.

6 Migne Pl 139, Sp. 159-168, hier Sp. 165 A/B.

7 Berlin Phill. 1833 Bl. 8rb; Bamberg 53 Bl. 7r „Hic tamen igniculus amoris iugiter fervens praerogativa sanctitatis ubi actualiter animo conquiescit statim sola contemplationis virtus irrepit, quae nullo terrenarum cogitationum supercilio, sed mundo cordis oculo divinitati se plerumque ingerit."

8 Macrobius, Commentarii in somnium Scipionis, hrsg. v. I. Willis, Leipzig 1970, Buch I, Kap. 8 Abs. 4.

nach Abbo auch Victorius, um mit den Möglichkeiten des „reinen Denkens“ über Zahl, Maß und Gewicht zu spekulieren und so nach dem Aufbau der ganzen Welt zu fragen[9]; und nur durch Muße, nicht durch Handeln, würde man die Liebe zur Weisheit erlangen[10], die das Gute erkennen läßt.

Durch die sieben artes, auf die sich Gerberts Lebenswerk neben der Politik bezieht, kann für Abbo zwar die Gnade des Herzens angeregt werden, ja, das Üben dieser Disziplinen wirkt sich sogar auf das Erlangen der Tugend[11] in der irdischen und himmlischen „res publica“ aus. Was man nach Abbo aber wirklich sucht, sind mehr als bloße Bilder, wie sie durch die artes aufgedeckt werden können. Auch hierin hat Abbo seinen Vordenker in Boethius, der in seiner theologischen Schrift „De Trinitate“ im Zusammenhang mit der Dreiteilung der spekulativen Philosophie in Physik, Mathematik und Theologie darlegt, daß nur die Theologie sich mit der reinen Form, dem wahren Sein, beschäftigt, weil die Physik sich mit Form und Materie der Körper und die Mathematik immerhin noch mit der Form der Körper beschäftigt, mithin mit bloßen Bildern der Form[12]. Das Ziel allen Bemühens ist es, die Wahrheit durch

9 Berlin Phill. 1833 Bl. 8va; Bamberg 53 Bl. 8r, vgl. Kap. I. 1., S. 12 Fn. 3.

10 Berlin Phill. 1833 Bl. 8va; Bamberg 53 Bl. 8r „At vero dum huiusmodi considerationi amor incumbit, sciendum, quod non agendo, sed contemplando haec ipsa discutit, quemadmodum alias rerum causas, quae vigent naturae beneficio pura tradit animis speculatio.“

11 Zu „Tugend“ bei Abbo vgl.: Mostert, Political Theology, S. 162-166 und „christliche Tugend“, S. 166-169. Macrobius Buch I, Kap. VIII Abs. 3/4.

12 Vgl. „De Trinitate“ Kap II, Z. 5-20, in: Boethius, Die Theologischen Traktate, hrsg. v. M. Elsässer, Hamburg 1988. Nach Boethius kann aber nur die göttliche Substanz Form ohne Materie, also das Eine, wie er sagt, sein; ebd., Z. 26-31. Schon aus diesem Grund muß es die Theologie sein, die sich mit dem Einen, der reinen Form beschäftigt. Der Traktat „De Trinitate“ war zu Abbos Zeit in Fleury vorhanden. Vgl. Mostert, Library BF 733. Es handelt sich hierbei um den Codex Orléans 270(226). Das Begriffspaar Form/Materie wurde von Aristoteles in die Philosophie eingeführt. Bei ihm stellt das Beharrende/Unveränderliche die Materie dar, das sich Verändernde nimmt eine Form an. Form und Materie verhalten sich für Aristoteles zueinander wie Wirklichkeit/Form und Materie/Möglichkeit, was er daran veranschaulicht, daß das Holz die Möglichkeit einer

sorgsames Erfragen zu ergründen[13].

Man versteht diese Stelle besser, wenn man weiß, daß auch Macrobius die Tugend mit Weisheit und Philosophie in Verbindung gebracht hat – Weisheit wird von ihm als Verständnis des Göttlichen gesehen, das nur diejenigen erreichen werden, die hartnäckig nach den himmlischen Wahrheiten suchen[14]. Abbo folgert daraus, daß nichts für einen Christen so wichtig sein kann wie das Auffinden der Wahrheit mittels der ratio und das Erforschen der Wege, die sie geht. Dies geschieht auch mit Hilfe der Syllogismen, die über wahr und falsch entscheiden[15], der Mathematik und der Astronomie.

Über das Gute, welches jenseits der Erkenntnis angesiedelt ist, kann jedoch auch der Syllogismus nicht mehr entscheiden. Das Gute selbst ist nicht mehr intelligibel, es ist qua Notwendigkeit wie es ist[16], und um auf seinen Weg, den richtigen Weg zu gelangen, kann man sich nur auf die angeborene Tugend und die Muße verlassen, die daher zu Recht den spekulativen Teil der Philosophie ausmachen.

Da Abbo in seinem Kommentar jedoch über das Erkennbare sprechen wollte, wird er im folgenden nicht mehr über

---

Holzstatue bereits beinhaltet. Metaphysik VIII, 6, 1048b. Vgl. C. v. Bormann, W. Franzen, A. Krapiec und L. Oeing-Hanhoff, Artikel ‚Form und Materie', in: Historisches Wörterbuch der Philosophie, Bd. 2, hrsg. v. J. Ritter, Basel/Stuttgart 1972, Sp. 877-1030, hier Sp. 980 und 982. Vgl. auch M. Tweedale, Abailard on Universals, Amsterdam/New York/Oxford 1976, S. 46.

13 Berlin Phill. 1833 Bl. 7vb; Bamberg 53 Bl. 6r „Cuius cognitione septiformis gratia cordis oculos irradiat et more humano generi familiari agitur, ut quem abdita et occulta ardentius investigat, negata plus appetit, serius nacta magis diligit, eo flagrantius ipsa ametur veritas, quod vel diligentius quaeritur vel laboriosius invenitur." An Claudian angelehnt, vgl. Claudianus Mamertus, De statu animae, hrsg. v. A. Engelbrecht, Wien 1885, CSEL 11, De statu animae II.2, S. 101 Z. 6/7.

14 Macrobius, Buch I, Kap. 8 Abs. 3/4.

15 Berlin Phill. 1833 Bl. 8va; Bamberg 53 Bl. 7v, siehe Kap. II. 1., S. 19 Fn. 3.

16 Berlin Phill. 1833 Bl. 8rb; Bamberg 53 Bl. 6v/7r „Est ergo impossibile aliquid factorum bonum substantialiter esse. Alioquin nihil boni ex liberi arbitrii possibilitate, sed omnia fierent ex ingenite virtutis necessitate."

diesen Zweig der Philosophie sprechen, schließlich handelt es sich bei dem „Calculus" des Victorius auch um Multiplikationstabellen. Was aber kann das Erkennbare (Intelligible) mit Zahlentabellen zu tun haben? Einiges, wenn man Erkennen nicht automatisch auch mit Wahrnehmen in Verbindung setzt.

2. Intelligibel-Sensibel: Eine „klassische" Unterscheidung

Abbo greift die platonische Unterscheidung zwischen wahrnehmbaren (visiblen), körperlichen Formen und erkennbaren (intelligiblen) Formen auf. Er tut dies in der Tradition des Johannes Scottus Eriugena, welcher wiederum in der Tradition des Timaios-Kommentars von Calcidius steht. Nach dieser Tradition ist die Führung der Vernunft auch dann notwendig, wenn es um die Erkenntnismöglichkeit körperlicher Gegenstände geht[17].

Für Abbo würde dies, auf seine Astronomie und Komputistik angewendet, bedeuten, daß der Umlauf von Sonne, Mond und den restlichen Planeten, also auch die Zeit, sinnlich wahrnehmbar wären, daß damit aber noch nichts über die Zyklen, die mathematischen Verhältnisse und die Umlaufbahnen ausgesagt wäre, nach denen die Zeit vergeht und die Himmelskörper sich bewegen. Diese Verhältnisse können nicht über die Sinne erkannt werden, sondern nur über Formen, die Formen des Geistes und damit intelligibel sein müssen.

In diesem Zusammenhang dürfte Abbo von Fleury von Johannes Scottus Eriugena die Anregung erhalten haben, durch Studien der Astronomie und Komputistik den Ausgang aller Dinge aus einer Einheit und ihre Rückkehr in diese Einheit

17 Johannis Scoti, in: Migne PL 122, V., Sp. 867A „Alles in der Natur ist entweder visibel oder intelligibel". Ebd., Sp. 868D „Nichts kann ohne den Verstand (ratio) gefunden oder bewiesen werden." Vgl. zu Abbo und Johannes Scottus: D. Moran, The Philosophy of John Scottus Eriugena. A Study of Idealism in the Middle Ages, Cambridge 1989, S. 272.

durch die Wiedergabe astronomischer und komputistischer Diagramme und Tabellen zu veranschaulichen.

In Johannes Scottus Hauptwerk, dem „Periphyseon", wird der Lehrer von seinem Schüler gebeten, Vorgänge in der Natur zu nennen, die den Glauben an den Prozeß des Ausgangs und der Rückkehr in die Einheit einsichtig machen. Eriugena führt dafür neun Beispiele an, von denen sechs aus der Komputistik gewählt wurden:

- die Rückkehr von Himmel und Sternensphäre zu ihrem Ausgangsort innerhalb von 24 Stunden
- die Rückkehr der Sonne zu demselben Punkt des Nachtgleichedurchmessers in vier Jahren
- die des Mondes innerhalb von 27 Tagen und etwas mehr als acht Stunden zu seinem Ausgangspunkt im Tierkreis
- und zu seinem Ausgangsort am Firmament innerhalb von 19 Jahren
- die Rückkehr der Sonne zu demselben in 28 Jahren
- und schließlich die gleichzeitige Rückkehr von Sonne und Mond zu ihrem gemeinsamen Ausgangsort nach 532 Jahren[18].

Johannes Scottus hat dabei nicht übersehen, daß die von ihm angeführten Beispiele, die als Beispiele aus der Natur gewählt wurden, insofern eine Verstandesleistung voraussetzen, als sie bereits die Festlegung einer Zyklendauer beinhalten. Wenn man den Verstand zu Hilfe nimmt, um Prozesse als solche erstmals zu erkennen, kann die Natur nach Eriugena durchaus auch solche Prozesse einsichtig machen, die nur Prozesse des Verstandes sind. Und genau dazu sollten die genannten Beispiele dienen, nämlich den Prozeß des Ausgangs und des Rückgangs der Dinge in die Einheit plausibel zu machen.

Sowohl Abbo als auch Gerbert haben aber auch bei Calcidius nachgelesen, daß die Himmelsschalen, auf denen die Planeten ihre Kreise ziehen, nicht wahrnehmbar, sondern von einer unkörperlichen Natur seien und somit nur kraft Vernunft

18 Periphyseon, V., Sp. 868C/D.

(ratio) eingesehen (intelligere) werden können[19]. Abbo schickt dem noch voraus, daß auch der Schmerz vom Körper zwar gefühlt (sentire), aber erst vom Verstand wahrgenommen (intelligere) werden könnte. Die Körper und den Körper zu erforschen konnte für einen Christen, auf der Suche nach einem Weg der Annäherung zu Gott auf Erden und mit der Aufgabe betraut, seinen Mitmönchen dabei nach Kräften zu helfen, schon deshalb nicht erstrebenswert sein, weil das Göttliche unkörperlich ist und sich nur in den ewigen, zeitlosen Formen, die Gott als Zeichen gesetzt hat, manifestiert[20].

3. Einheit

Die gesamte Vorrede zum „Calculus" des Victorius stellt demnach auch eine „Übung des Geistes"[21] dar.

Anfang und Ende, Ausgang und Rückkehr in die Einheit in den verschiedenen Weisen, die der Verstand aufdecken kann, sind eines, wenn nicht das Hauptthema von Johannes Scottus Eriugena in seinem Werk „Periphyseon". Hinter all diesen Überlegungen könnte zunächst die Vorstellung gestanden haben, daß Einheit selbst ein Abbild der göttlichen Dreifaltigkeit als Einheit mithin von Gott selbst sein könnte. Diese naheliegende Annahme wird von Eriugena in seiner negativen Theolo-

---

19 Calcidius, Commentarius in Timaeum, hrsg. v. J. H. Waszink, London 1962, S. 282 Z. 11-15. Abbo Berlin Phill. 1833 Bl. 14vb und Bamberg 53 Bl. 28v „Sed si anima dolet ait aliquis dolorem sentit, quod non ita est, sed dolorem intelligit, idem que est rationabili animae per se intelligere quod per corpus sentire. Unde et parallelos aliosque caelestes circulos non sensibilis, sed intelligibiles dicimus, quos sola rationis subtilitate penetramus." Zu Gerbert, Richer, Buch III, § 51.

20 Vgl. Kap. II. 1., S. 21 Fn. 12.

21 ‚Ingenium exercere', ein Ausdruck, der bereits bei Johannes Scottus, Abbo und Gerbert von Aurillac, so wie auch schon bei Beda vorkommt. Bei Abbo heißt es in Berlin Phill.1833 Bl. 12rb; Bamberg 53 Bl. 20r „Unde praedictus philosophus plus aequo brachiologia usus conditionem suae propositioni interposuit, qua exerceret ingenium studiosi lectoris."

gie jedoch ausdrücklich abgelehnt. Über Gott können wir nach Eriugena letztlich nur eine Aussage machen, nämlich die, daß es ihn gibt, aber nicht, wie er ist[22], da er über allem Seienden ist[23], die Form von allem[24] und zugleich mehr als die Form. Abbo übernimmt diese Auffassung Eriugenas insofern, als er das, was Einheit sein soll, nirgends definiert. Es bleibt auch bei ihm dabei, daß wir uns mit Hilfe der Wissenschaft zahlreiche Prozesse vor Augen führen können, die in der Einheit enden, und daß wir uns durch diese Reflexion an Gott annähern, ohne uns jedoch, in der platonischen Terminologie gesprochen, auch nur so etwas wie ein Abbild verschaffen zu können. Gott bleibt hinter allen Abbildern und Bildern für den Menschen verborgen.

So werden wir sehen, daß auch die Zeit nur das Abbild eines Prozesses ist, welcher sich zwischen dem Ausgang der Dinge aus der Einheit und ihrem Rückgang in sie vollzieht. Wenn aber selbst die Zeit nur das Abbild eines Prozesses ist und die Beschäftigung mit ihr uns den Prozeß in die Einheit erst vermitteln kann, wie sollten wir dann zu Aussagen über Gott als Einheit gelangen können?

Der Geist soll auf das Denken der Dreiheit als Einheit vorbereitet werden, die als abstrakte Form unabhängig von sichtbaren, abzählbaren Gegenständen begriffen werden kann. Auch Gott habe nicht zuerst die Gegenstände und dann die Zahlen geschaffen, sondern zuerst die Formen, und damit auch die Zahlen. Abbo war wohl von seiner eigenen Darlegung, nach der Maß, Zahl und Gewicht vor den Dingen geschaffen worden und somit auch unabhängig von diesen einsehbar sind, selbst nicht überzeugt[25], denn warum sollte er sonst gerade in

22 Johannis Scotti Eriugenae, Periphyseon (De Divisione Naturae), Liber Primus, ed. v. J. P. Sheldon-Williams, zs. mit L. Bieler, Dublin 1968, I., Sp. 487B, S. 138.

23 Ebd., I., Sp. 443B, S. 38/40.

24 Ebd., I., Sp. 499D, S. 166.

25 Berlin Phill. 1833 Bl. 8va und Bamberg 53 Bl. 8r/8v „Alioquin numerus numero fieret ac eiusdem rei natura, quod nec possibile est nec necessarium est, semet ipsam praecederet praeterque communem cogitationem

diesem Zusammenhang betont haben, daß es ein Frevel wäre, der Heiligen Schrift zu widersprechen? Er gibt auch noch sehr vorsichtig zu bedenken, daß Gleichheit, Größe oder Schönheit Begriffe seien, die nur relativ zu etwas gebraucht werden können. Müßten dann nicht aber doch zuerst die Dinge entstanden sein, auf die die relativen Begriffe anwendbar wären? Auf dieses Problem wird in dem Kapitel über Formen und Individuen erneut einzugehen sein.

Sicher steht für Abbo nur fest, daß der Ursprung des Seins nicht die Materie gewesen sein kann, da von dieser nichts in der göttlichen Substanz vorhanden ist. Der Ursprung kann allein in der Form gesehen werden[26].

---

eadem res sibi causa existeret. At nihil horum est, unde non his omnia disposuit, qui haec inter omnia creavit. Ubi nam loci erant, antequam quicque subsisteret? An numerus erat et corpus non erat, cum magis consequens sit, ut ubicumque corpus fuerit, numerus abesse non possit. Sed utrumque quantitas est, et si utrumque quantitas, utrumque accidens. Accidens autem est quod ita est in aliquo non tamen sicut pars, ut non possit esse sine eo in quo est. Si igitur numerus erat quantitas subsistebat, at non subsistebat corpus, ergo nec numerus. Verumtamen sacrae scripturae nefas est contradicere quae ait: Omnia in numero mensura et pondere disposuisti. Quapropter omnibus cogitandi viribus enitendum est, ut quoquo modo possit agnosci non esse pondus principale quod penditur, sed quo penditur nec eundem esse numerum qui numeratur, sed quo numeratur, nec mensuram quae metitur, sed qua metitur. Sicut item non hoc est magnitudo quod magnum, nec hoc aequale quod aequalitas, nec hoc pulchritudo quod pulchrum." Auszugsweise gedruckt in: Claudianus Mamertus, De statu animae, II, 4, S. 111 Z. 18-25.

26 Berlin Phill. 1833 Bl. 9rb; Bamberg 53 Bl. 10r/10v „Nec tamen materialem profitemur summae bonitatis originem ex qua omnia per quam omnia in qua omnia, sed eius participatione dicimus bona omnia. Nam divina substantia semper caruit et caret materia. Licet non careat forma, quam dum imprimit veluti sigillum rebus singulis, eas sine sui augmenti aut detrimenti mutabilitate procul dubio a se differre facit, et haec differentia pro unius cuiusque natura, quoniam formis, quas Plato hydeas vocat, plura subiacent individua." Vgl. auch hier Boethius, „De Trinitate", Kap. II, Z. 30-31.

4. Formen

Eine Form ist für Abbo von Fleury letztlich etwas, das es erlaubt, vielfältige Erscheinungen über die Zeitabläufe hinaus als Einheit bzw. unter einem einheitlichen Gesichtspunkt zu betrachten – nichts anderes also als Platons Idee.

Abbo befindet sich mit der Gleichsetzung von ‚Idee' und ‚Form' im Gleichklang mit einer Entwicklung, die ihren Ursprung in den Schulen des 10. Jahrhunderts hat, in denen Kommentare zu Boethius „Consolatio Philosopiae" Buch III, Metrum 9 verfaßt wurden. In diesen Kommentaren wird aus den vielen Ideen das eine Urbild „geistige Welt" (mundus intelligibilis), das Gott bei der Erschaffung der irdischen Welt als Muster gedient hat. Die Form des Einzeldings soll nun die Ähnlichkeit zwischen Urbild und Abbild gewährleisten[27].

Bereiche, in denen Abbo die Widerspiegelung dieser Einheit und der Gesetzmäßigkeiten, nach denen sich die Dinge aus der Einheit gestalten, aufzufinden glaubt, sind die Arithmetik – was nach dem bisher Gesagten nicht erstaunen wird –, die Geometrie – was allerdings aus der von Abbo gelesenen Literatur und den ins Manuskript aufgenommenen Figuren entnommen werden muß –, die Sprachwissenschaft und in einer Verbindung der genannten drei Bereiche auch die Komputistik.

Die Einheit der Zahlen ist keine Zahl, sondern ein Anfang[28]. Der Anfang ist die Eins[29]; sie ist der Ursprung aller Zahlen und

27 G. Schrimpf, Artikel ‚Idee', in: Historisches Wörterbuch der Philosophie, Bd. 4, hrsg. v. J. Ritter und K. Gründer, Basel/Stuttgart 1976, Sp. 65-75.

28 Berlin Phill. 1833 Bl. 9vb; Bamberg 53 Bl. 12r „ Que unitas, cum sit principium numeri, non tamen est numerus, sed numerorum omnium communis mensura, quia ipsi constant ex ipsa et per ipsam et in ipsa. Ex ipsa quippe est numerus sicut ex fonte rivus et ex puncto lineae ductus. Sicque sit ut aliud sit principium numeri aliud ex eo prodiens quantitas numerabilis." Boethius, De institutione arithmetica, hrsg. v. G. Friedlein, Leipzig 1867, S. 16 Kap. 17. Und Gerbert von Aurillac, Gerberti Opera Mathematica, hrsg. v. N. Bubnov, Berlin 1899, Geometrie, S. 54. Z. 5.

29 Auch hier dürfte sich Abbo mehr an den Traktat „De Trinitate" von Boethius gehalten haben als an dessen Arithmetik, denn in dem Traktat

als solcher nur mit der ratio zu erfassen, während man zum Begreifen der Zahlen 2, 3, ... durch die Sinne wahrgenommene Gegenstände betrachten und abzählen muß, um eine Vorstellung von ihnen zu erhalten[30]. Nur vor dem Hintergrund dieser Auffassung kann Abbo behaupten, daß die Zahlen durch die Sinne aufgenommen werden, obwohl das Urbild der Zahlen für den Menschen nicht unmittelbar einsichtig ist[31].

Für Abbo ergibt sich daraus das folgende Problem: Auf der einen Seite kann Gott nicht zuerst die Dinge und dann die Zahlen geschaffen haben, weil die Körper bereits abzählbare Gegenstände sind. Auf der anderen Seite ist die Zahl aber ein Akzidens der Dinge, so daß es in einer Welt, in der es keine körperlichen Gegenstände gibt, auch keine Zahlen geben kann. Die zuletzt genannte Vorstellung entfernt sich bereits von der Heiligen Schrift, nach welcher alles nach Maß, Zahl und Gewicht von Gott erschaffen wurde (Sap. 21, 11).

Abbo geht die Lösung dieses Problems zunächst so an, daß er die dingliche Welt und die Welt des geistigen Urbilds auseinanderhält und betont, daß wir durch das Zählen irdischer Gegenstände nicht die erste und eigentliche Zahl erfassen können, die Gott bei der Erschaffung der Welt vor Augen hatte, sondern daß diese vielmehr die Voraussetzung dafür ist, daß wir überhaupt zählen können[32].

---

steht nicht nur, daß die Form das Eine ist, sondern auch, daß das Eine das ist, was keine Zahl enthält (Kap. II Z. 40-44).

30 Berlin Phill. 1833 Bl. 9vb; Bamberg 53 Bl. 12r „Numerus enim omnis species est quantitatis, quae computata inter accidentia suae subsistentiae per corpus captat sensibilitatem.“; Berlin Phill. 1833 Bl. 9ra; Bamberg 53 Bl. 9v „Anima videt mensuram pondus et numerum per se, sentit mensurabilia, ponderabilia et numerabilia per corpus.“

31 Eriugena unterscheidet auch zwischen den Zahlen, welche ewig und unveränderlich sind und denen, welche wir als deren Repräsentationen in den Dingen finden (III., Sp. 657A-D, S. 114-116). Für ihn sind auch diejenigen Zahlen, die in der Schöpfung sichtbar werden, ewig, aber insofern nicht unveränderlich, als sie ihren Ursprung in der Eins haben, in die sie auch wieder zurückkehren, während die unveränderlichen Zahlen in der Monade verbleiben.

32 Vgl. Kap. II. 4., S. 29 Fn. 30 und S. 26 Fn. 25.

Daher können wir, nach Abbo, auch das, was wir unter der ersten Form, also dem Urbild von Maß, Zahl und Gewicht, verstehen, sowohl dadurch begreifen, daß wir uns die Notwendigkeit eines Urbilds bewußt machen, als auch dadurch, daß wir die Einzeldinge betrachten. Die Überlegung, die Abbo anführt, um die Notwendigkeit der Voraussetzung eines Urbilds zu zeigen, ist einfach: Dadurch, daß man neben ein quadratisches Forum ein größeres quadratisches Forum setzt, wird das Quadrat des Forums nicht *mehr*, also nicht quadratischer[33].

An dieser Stelle führt Abbo einen Individuenbegriff ein, der eng an den der Form, also der Idee, angelehnt ist, der in der Philosophie in dieser Verwendungsweise aber unüblich ist. Individua sind für Abbo ewige, von Gott erschaffene Prinzipien, die überall und immer[34] Gültigkeit besitzen. Er erläutert seine Auffassung von Individua am Beispiel von Maß, Zahl und Gewicht. Diese waren von Gott als etwas nicht Meßbares, nicht Zählbares und Unwägbares geschaffen worden, also bereits vor der Erschaffung der Dinge, welche wir Menschen benötigen, um uns verständlich machen zu können, was eine Zahl, ein Maß oder ein Gewicht ist. Wir können uns daher auch nicht vorstellen, was dem Schöpfer als Vorbild für Maß, Zahl und Gewicht gedient hat, ja noch nicht einmal, ob er überhaupt ein Vorbild gehabt hat[35].

---

33 Vgl. folgende Fn.

34 Berlin Phill. 1833 Bl. 8vb; Bamberg 53 Bl. 8v/9r; Claudianus, S. 112 Z. 10-13 „Sic et his principalibus formis ratio par est aliter in se, aliter in rebus iugiter speculamur. Nam secundum eandem quadrati legem fabricamur et quadratam tabulam et quadratum forum et cum forum maius quadratum sit, non est tamen magis quadratum. Non enim cuiuslibet rei forma, verbi gratia leonis aut hominis sive etiam trianguli, maius minusve recipit. Hinc capias oportet indicium illius non pensi ponderis et inmensurabilis mensurae et innumerabilis numeri, quae tria simul aequiterna semper individua ubique et ubicumque tota unus deus sunt."

35 Berlin Phill.1833 Bl. 8va; Bamberg 53 Bl. 8v „Unde non his omnia disposuit qui haec inter omnia creavit. Ubi nam loci erant, antequam quicque subsisteret? An numerus erat et corpus non erat, cum magis consequens sit, ut ubicumque corpus fuerit, numerus abesse non possit."

Aus den Individuen wie Maß, Zahl und Gewicht stammen die Zahlen 2, 3, 4, ..., der konkrete Maßstab und das konkrete Gewicht. Diese existierenden Entitäten nennt Abbo wie Calcidius ‚dividua'; erst durch die Sammlung sich ähnelnder dividua kann der Mensch mit Hilfe der Wissenschaften Arten bestimmen und Theoreme aufstellen[36].

Die Individuen sind aber nicht mit den Formen identisch, sondern etwas, das unterhalb der Formen angesiedelt ist[37], aber eine ähnliche Funktion hat, nämlich die Welt unter zusammenfassenden Gesichtspunkten erkennbar zu machen[38]. Abbo hat den Individua jedoch nicht die Rolle der Universalien zugedacht. Diese hat er, wie Marenbon behauptet, abgelehnt[39]. Abbo sagt nämlich nicht, daß ein Mensch als Individuum das „Mensch-Sein" ganz beinhaltet. Er sagt vielmehr, daß ein einzelner Mensch partikular existiert, weil er an dem Universale „Mensch-Sein" teilhat[40].

Diejenige Stelle, die die Eins (Einheit) in der Arithmetik einnimmt, nimmt in der Geometrie der Punkt für die Linie ein[41].

---

36 Berlin Phill.1833 Bl. 9rb; Bamberg 53 Bl. 10v „ Ab individuis nascuntur, quippe dividua ex quibus fiunt universa. Per quae et collectio similitudinis ut fiant species et theoremata per singulos artes, quippe unum quiddam individuum est omnium finis et initium."

37 Ebd. „[...], quoniam formis, quas Plato hydeas vocat, plura subiacent individua."

38 Berlin Phill.1833 Bl. 10ra; Bamberg 53 Bl. 12va „Est igitur unitas rationis amica simplex et individua, etiam si in multis sit sensibiliter distributa. Individuum nempe pluribus dicitur modis. Dicitur individuum, quod caret partibus ut unitas dicitur et anima."

39 J. Marenbon, Early Medieval Philosophy (480-1150). An Introduction, London/New York 1988², S. 82-83.

40 Berlin Phill. 1833 Bl. 9va; Bamberg 53 Bl. 11r/11v „ Aequalia sunt igitur unum et est, quia nec unum dici potest quod non est, nec esse quod non unum, quamquam sint quaedam rerum universalia, quae cum in pluribus uno eodemque tempore totum sunt. Tamen dicuntur esse, ut homo, qui uno eodemque tempore in Socrate et Platone totius est, ex quibus suum esse colligit. Quo sit, ut homo intellectur universaliter non sit, qui semper particulariter causa unitatis existit."

41 Gerbert, Geometrie, S. 53 Z. 10 – S. 54 Z. 16. Boethius, „De Institutione", II 4, S. 87 Z. 13-17. Bei Johannes Eriugena findet sich gleichfalls

Er ist hier der Baustein, mit dem in dieser Disziplin ein Lehrgebäude aufgebaut werden soll, das uns letztlich etwas über Gott als Ursprung aller Dinge andeuten könnte.

Auch Gerbert definiert die Geometrie als Disziplin der Größe und der Formen[42]. In den sich anschließenden Sätzen wird jedoch deutlich, daß Gerbert damit etwas ganz anderes meint als Abbo von Fleury. Denn dort heißt es: „Geometria est magnitudinum rationabiliter propositarum ratione vestigata probabilis dimensionis scientia"[43]. Der Satz kann durchaus so verstanden werden, daß die Geometrie eine Wissenschaft ist, in der sich die Schlußfolgerungen aus Vordersätzen ergeben. Dies garantiert einen Grad an Sicherheit und Wahrheit für den Verstand, wie er ansonsten nirgends angetroffen werden kann, und stellt die beste Übung für den Geist[44] dar.

Auch Gerbert zitiert an der genannten Stelle Sapientia 21 Vers 11, wonach alles nach Maß, Zahl und Gewicht geschaffen worden ist. Bei Gerbert tritt in diesem Zusammenhang jedoch ein Ausdruck auf, den man bei Abbo vergeblich sucht. Wo bei Abbo von ‚forma' die Rede sein würde, steht bei Gerbert ‚regula'. Nicht das platonische Abbild, sondern die unplatonische Regel stellt für Gerbert die Möglichkeit der Erkennbarkeit der Dinge hinter den Phänomenen dar.

Inwieweit für Abbo mit Hilfe der Geometrie auch noch eine andere Form, nämlich die der Bewegung, sinnbildlich gemacht werden soll, bleibt noch zu klären.

Aus seiner Bemerkung über die Untersuchung der Wachstumskräfte, die einer Trennung von Form und Materie[45] unter-

---

eine Passage in welcher er erklärt, daß die Linie ihren Anfang und ihr Ende in einem Punkt habe. Er unterscheidet jedoch noch in aristotelischer Tradition zwischen der sinnlich wahrnehmbaren Linie, in welcher der Punkt ein Teil der Linie ist und der Linie, in der Punkte die Grenze einer Linie und damit kein Teil von ihr sind (I., Sp. 484B, S. 132).

42 Gerbert, Geometrie, S. 50.

43 Ebd.

44 Ebd., S. 50f.

45 Berlin Phill. 1833 Bl. 8va; Bamberg 53 Bl. 8r „Quid enim operis indiget

liegen, ergibt sich, daß Bewegung für Abbo eine Form darstellt. Denn was, außer der aristotelischen Vorstellung von Bewegung, sollte sonst mit Form in bezug auf Kräfte gemeint sein?

Wie die Form als göttliches Zeichen in die Welt vermittelt wurde, vermittelt sie auch im Verhältnis Welt und Wahrnehmung der Welt durch den menschlichen Geist. Die Gegenstände der Welt werden zwar durch die Sinne wahrgenommen, aber eben nicht als etwas Körperliches, vielmehr werden ihre Abbilder dem Körper auf eine geheimnisvolle Weise mitgeteilt und dann erst von der ratio wahrgenommen. Den Sinnen kommt dabei eine unerklärliche Doppelfunktion zu, denn im Verhältnis zur Welt haben sie es mit Körperlichem zu tun und vermitteln der ratio trotzdem nur unkörperliche Hüllen[46]. Wie Gott den Dingen Zeichen als Formen eingeprägt hat, prägt das Licht dem Geist die Formen der Dinge durch ein Feuer ein, das sich durch die Luft bis zur Pupille vorarbeitet[47].

Auch unsere sinnliche Wahrnehmung der Welt ist demnach nur in Verbindung mit dem Unkörperlichen, d. h. mit der ratio, erklärbar, was Abbo zu Überlegungen über das Verhältnis Wahrnehmung-Natur, Lehrsatz-Wissenschaft und Sprache geführt hat.

---

herbarum vires exquirere, formam a materia sola cogitatione dividere, unum quodque ut est per se considerare."

46 Berlin Phill. 1833 Bl. 9vb; Bamberg 53 Bl. 12r „Nam in corporeas rerum imagines, quibus informantur, singula intelligibiliter per se concipit anima, utpote incorporea, quas corporis adminiculo foras refundit etiam sensibiles aliquomodo perpendit."

47 Ebd. und Berlin Phill. 1833 Bl. 9vb/10ra; Bamberg 53 Bl. 12r/12v „Quod tenebris circumseptus non ignorat quotiens sibi lucis claritas irradiat, per quam obiectas rerum formas anime mandat. [...], ut dictum est pro sua qualitate inserviunt, licet visui a corde pupilla tenus madefacto operetur ignis per aerem lumine suo." Vgl. auch: D. C. Lindberg, Auge und Licht im Mittelalter. Die Entwicklung der Optik von Alkindi bis Kepler, Frankfurt 1987.

5. Das Wahrnehmbare

Das Wahrnehmbare wird dem Veränderlichen[48] zugeordnet, wie das Zeitlose dem Erkennbaren, denn wie könnten wir das sich ständig Verändernde erkennen, wenn nicht durch eine zeitlose Form, die dem Veränderlichen zugrunde liegt? Einem Veränderlichen, das ansonsten nur aus nicht zusammengehörenden Elementen, Buchstaben, Zahlen oder Tönen bestehen würde[49].

Zusammengesetzt sind die einzelnen Elemente jedoch als Musik, als Zahlen oder Linien, Worte und Sätze[50] oder als Gegenstände erkennbar. Die Veränderung der Composita vollzieht sich nach einem Lehrsatz, der, wenn er gemäß der Vernunft, den Regeln der artes und veranlaßt durch eine Leidenschaft für das Denken aufgestellt wurde, sich nicht viel von der Natur, die er nachahmt, unterscheidet[51].

Der Lehrsatz ist für die Beobachtung der Veränderungen der Beobachtung der Natur sogar vorzuziehen. Denn selbst wenn er die Natur nicht eindeutig nachahmt – was auf Grund

---

48 Berlin Phill. 1833 Bl. 11va; Bamberg 53 Bl. 17v „Cuius equidem lunae speralis globositas crescit paulatim lumine ac minuitur, sed ne utiquam per substantiam generationis corruptionisve motu afficitur, quippe altera parte instar speculi claritate admittit quam refundit, altera obscurior nihil lucit recipit. Cuius rei similitudinem ad medietatem usque denigrata quaelibet soliditas speralis utpote ovi exprimit sinigredinem prius obiectam oculis paulatim vertis, ut ad modum nascentis lunae cornutam albedinem contempleris.“

49 Diese werden in Berlin Phill. 1833 Bl. 12rb und Bamberg 53 Bl. 19v mit Ausnahme der Zahlen genannt: „Si quidem elementorum mundi ac litterarum seu sonorum conpositione solutionemque proposuit, […].“

50 Jedoch nicht zu Namen zusammengesetzt, denn diese sind genau wie das Individuum nicht teilbar: Berlin Phill. 1833 Bl. 10ra; Bamberg 53 Bl. 12v. Vgl. Kap. II. 6., S. 37 Fn. 57.

51 Berlin Phill. 1833 Bl. 11va; Bamberg 53 Bl. 17v/18r „Haec de compositis naturaliter quodam conpendio attigimus, id de his, quae triplici VI anime subsistunt ac de his, quae per aliud immutantur, ad ea, quae secundum placitum sunt, transeamus. Dico autem secundum placitum esse quae voluntate fiunt ut facta sunt.“

unserer unzulänglichen Wahrnehmung, die stets nur eine Zusammenfassung der wirklichen Vorgänge ist[52], auch nicht möglich wäre –, können wir den Lehrsatz doch mittels der ratio überprüfen.

An Hand von Lehrsätzen wird aber nicht versucht, die Formen und Prinzipien nachzuahmen, welche der Natur, der Sprache oder der Mathematik zugrunde liegen. Diese müssen vielmehr in einer indirekten Weise erschlossen werden, denn ihnen fehlt, was den Dingen, Sätzen, Zahlen und damit auch den Lehrsätzen, die über sie reden, zukommt, nämlich Teilbarkeit[53] und Rückführbarkeit[54] in Ursprünge oder Individua.

Abbo hätte auch Platons Lösung übernehmen können, nach welcher Universalien ewige Formen sind, ohne den Zwischenschritt über die Einführung des Begriffs des Individuums machen zu müssen. Die Übernahme dieser Position hätte aber auch bedeutet, daß Abbo die Existenz von reinen Formen neben der einzig wahren göttlichen Form hätte annehmen müssen, da Universalien ohne ihre Manifestation durch Partikulares nur reine Form wären.

Platon hatte die Vollkommenheit auch den reinen Formen zugeschrieben. Vollkommenheit kann für einen christlichen Denker aber nur Gott zukommen. Die Existenz von Universalien als reinen Formen mußte für Abbo daher ausgeschlossen sein.

---

52 Berlin Phill. 1833 Bl. 11va; Bamberg 53 Bl. 18r „Quae et ipsa non multum a natura discrepant, si rationabiliter arte constant, quo omnis ars imitatur naturam perfecta ex passionibus animae, quas credimus naturales esse." Vgl. Calcidius, Kommentar, S. 73 Z. 10-12.

53 Berlin Phill. 1833 Bl. 12va; Bamberg 53 Bl. 21r „Omne conpositum partibus est coniunctum partium autem coniunctio solutionem expectat aut natura aut placito, sed natura solubile in suam originem constat redire. Qua propter omne natura conpositum in origines seu resolvitur primordium. Est etiam quidam placito solubile quod viget imitatione nature. Naturalis autem solutio non abhorret a sue conexionis principio."

54 Berlin Phill. 1833 Bl. 12vb; Bamberg 53 Bl. 22v „Quia conpositum est divisioni necessario subiacebit. Postquam explevimus quomodo aliquod compositum resolvatur, interposita unitatis essentia perquirimus an quicquid in rebus unum est conpositum iure praedicetur."

Auch Gerbert behandelt das Universalienproblem in seiner Schrift „De rationali et ratione uti" und verbindet es mit der Diskussion um Wirklichkeit und Möglichkeit, Akt und Potenz. Er kommt zu dem Schluß, daß ein Individuum Eigenschaften besitzen kann, die es mit vielen anderen Individuen teilt. Als Beispiel führt Gerbert an, daß jemand zwar qua Möglichkeit rational sein kann, seine ratio de facto aber vielleicht nicht benutzt. Das Individuum kann demnach Eigenschaften besitzen, die durch keine Handlung sichtbar werden. Warum dies eine platonische Position bezüglich des Universalienproblems darstellt, wie Marenbon behauptet[55], ist so nicht ganz einsichtig, denn sie läßt sich gut mit der aristotelischen vereinbaren, nach welcher Individuen Eigenschaften haben, aber nicht selbst Eigenschaften sind. Die Universalien liegen nach Aristoteles in den Dingen selbst, haben also keine Eigenexistenz außerhalb der Dinge.

6. Das Kriterium der Unteilbarkeit

Das Kriterium der Unteilbarkeit wird von Abbo angewandt, um zu zeigen, daß auch der Name in seinem Sinne ein Individuum ist.

Ein Individuum wird auch als etwas definiert, was nicht geteilt werden kann[56]. Denn wie die Einheit und der Geist nicht

55 Marenbon, S. 83.

56 Dieser Individuenbegriff stammt von Boethius, der drei Arten von Individuen kennt: 1.) Das, was nicht geteilt werden kann, wie die Einheit oder das Gute. 2.) Das, was wegen seiner Härte nicht geteilt werden kann, wie der Stahl. Und 3.) das, dessen Prädikation auf anderes, Ähnliches nicht zutrifft, wie der Name ‚Sokrates', der nur auf einen Menschen zutrifft. Vgl. K. Kaulbach, Artikel ‚Individuum und Atom', in: Historisches Wörterbuch der Philosophie, Bd. 4, hrsg. v. J. Ritter und K. Gründer, Basel/Stuttgart 1976, Sp. 299-300. Abbo übernimmt die erste und dritte Definition von Boethius, also die beiden, die philosophisch am interessantesten sind.

geteilt werden können, kann bei ‚Sokrates' kein Teil des Namens herausgenommen werden, und zwar auch nicht mittels einer Definition, die es von einem Namen nicht gibt, oder durch eine Deskription[57].

Teilbar sind für Abbo daher immer nur Gegenstände, Linien und Zahlen, nicht aber Formen, Prinzipien oder Individua, die so in die Nähe der unteilbaren Einheit gerückt werden[58].

Dem Aufdecken von Ideen, die die Einheit der Dreiheit für den Geist einsehbar machen sollen, dient die Analyse der Zahlen, der mit ihnen verbundenen Rechenverfahren und die Analyse von Zeit und Sprache. Denn obwohl die Welt hinter den Grenzen der körperlichen Welt nicht durch Ausmessen oder Hinsehen, sondern nur durch göttliches Beseeltsein erkannt werden kann, muß man das Abbild jener Welt mit Hilfe der Prinzipien der diesseitigen Welt, welche nach Maß, Zahl und Gewicht aufgebaut wurde, verstehen, um eine Idee von ihrem Urbild fassen zu können.

Die Zahlen werden schließlich in die Eins, die keine Zahl, sondern das Prinzip der Einheit ist[59], zurückgeführt. Die Universalien sind Eigenschaften, die durch die Zeit an verschiedenen Dingen ein und dasselbe bleiben. Die Zyklen der Zeit kehren mit den Planeten immer wieder an ihren Ausgangsort zurück, und die Welt an ihrem Ende zu dem Einen, der sie erschaffen hat. Nach seinen eigenen Worten ist Abbo nicht auf der Suche nach der Vokabel für Einheit[60], sondern sucht sie

---

57 Berlin Phill. 1833 Bl. 10ra; Bamberg 53 Bl. 12v „Dicitur individuum, quod secari non potest ut adamans. Dicitur individuum cuius praedicatio in reliqua similia non convenit, ut Socrates, cuius corpus etsi minutatim incidi potest, non tamen pars totius nomen capiet, nec definitio, quae eius nulla est aut descriptio in alterum transiet."

58 „Quod enim simplex est indivisumque natura, id error humanus separat et a vero atque perfecto ad falsum imperfectumque traducit." Boethius, De Consolatione Philosophiae, Buch III, Metrum 9, Z. 16-18. Abbo dürfte diese Zeilen gekannt haben, wie er auch den Individuenbegriff von Boethius übernommen hat.

59 Gerbert, Geometrie, S. 54 Z. 5; Boethius, De Institutione, I 7, S. 16.

60 Berlin Phill. 1833 Bl. 9vb; Bamberg 53 Bl. 11v „Quo numeratur quidem est numeri vocabulum, ut unitas quod uno numeratur a vocabulo denomi-

überall hinter den Dingen als etwas, was er als ewige Substanz bezeichnet[61] – eine Suche nach dem Unauffindbaren.

Auffindbar sind nur die Dinge und die Sätze, und an ihnen die Spuren dessen, was gesucht wird. Zeit hingegen muß erst in Tabellen übersetzt werden, verschlüsselt über Buchstaben und Zahlen, und jene müssen wiederum durch ihre Rückkehr in die Einheit, in die Zyklen der Zeit übersetzt werden, an deren Ende die eigentliche, unabbildbare Einheit stehen wird.

Abbos komputistische Arbeiten sind daher auch zeitlos, sie enthalten keine historischen Angaben mehr – die Weltalter, Epochen, Königs- und Kaiserjahre und die annalistischen Angaben sind verschwunden. Das Werk gipfelt letztlich in einem Tafelwerk, welches nicht einmal mehr an eine Jahreszahl gebunden ist – in einem ewigen Zyklus.

---

natur ut ab unitate unus. [...] Nec unquam alicuius rei vocabulum recipit augmentum aut detrimentum, cum tamen quaedam denominata in comparationis gradus veniant."

61 Berlin Phill. 1833 Bl. 12va; Bamberg 53 Bl. 21v „Ipsa quoque unitas aliter substantiali verbo aequalis manet, aliter substantiam numeri format. Quem inde aeternaliter immutabilis viget, hinc aliquid unum quod quantum dicitur fiet."

III. Das Erkennen des Unveränderlichen und des Veränderlichen

Beda Venerabilis hat in „De natura rerum“ noch von den vier rationes gesprochen, nach denen die Welt aufgebaut ist. Abbo nennt zwei, Gerbert und Macrobius nur eine. In allen vier Fällen handelt es sich um eine unterschiedliche Bedeutung ein und desselben Begriffs, eine Verbindung besteht nur in dem Bezug von ratio auf Schriftlichkeit.

Dieser Bezug dürfte seinen Ursprung in Macrobius' Aufteilung der Philosophie in eine Moralphilosophie, in eine physikalische und eine rationale Philosophie haben, in der die Behandlung des Undinglichen – des nur durch den Geist Erfaßbaren – , mit dem Beda, Abbo und Gerbert befaßt sind, zur rationalen Philosophie gerechnet wird[1].

Die Verbindung von Unkörperlichem und Ewigem - ewig ewigen und weltlich ewigen Grundformen – als ratio hatte Beda in den ersten Kapiteln seiner „De natura rerum“[2] vollzogen. Seine vierfache ratio: (1) die apostolische Autorität als ewiges Zeugnis, (2) die undingliche Form als eine ewige, (3) die Ursache für den Ursprung der Geschöpfe und ihre Bestimmung durch alle Zeiten für den natürlichen Ablauf der Welt, (4) als vergängliche Ausnahme: die weltlichen Dinge und die Geschöpfe.

Bei Abbo wird diese Vierteilung auf eine Zweiteilung reduziert. Nach ihm sind die Formen der ratio[3] zum einen diejenige

---

1 Macrobius, In somnium, Buch II, Kap. 27, Abs. 15.

2 Beda Venerabilis, De natura rerum, hrsg. v. Ch. W. Jones, Opera Didascalica 1, CC 123 A, Turnholt 1975, S. 192, Kap. I.

3 Berlin Phill. 1833 Bl. 8vb; Bamberg 53 Bl. 8v. Bei Abbo heißt es: „Cum vero ad ipsam creatricem venitur magnitudinem, quia ei conparari nil potest, nec maior nec minor est. Sic et his principalibus formis ratio par est, quas aliter in se, aliter in rebus iugiter speculamur.“ Bei Claudianus,

ratio, nach der einem etwas per se zukommt, zum anderen diejenige, nach welcher einem etwas nur in bezug auf etwas anderes zukommt. Was damit gemeint ist, läßt sich nicht leicht und vor allen Dingen nicht einmal eindeutig sagen, auch wenn Abbo in seinen Schriften verschiedene Beispiele nennt.

So ist die Eigenschaft „quadratischsein" nach Abbo eine, die einem Ding zukommt, ohne daß dabei, wie bei den Eigenschaften „Größe" oder „Schönheit", ein bezug auf einen anderen Gegenstand notwendig wäre. Um feststellen zu können, ob ein Mensch groß ist, muß er mit einem anderen Menschen verglichen werden; um festzustellen, ob ein Tisch quadratisch ist, muß er jedoch nicht neben einem runden gesehen werden[4]. Überlegungen dieser Art müßte man nach Abbo auch anstellen, um begreifen zu können, daß Maß, Zahl und Gewicht bereits vor der Erschaffung der Dinge – ohne Bezug auf sie – von Gott als ewige Individua geschaffen worden sind[5]. Diese Individuen manifestieren sich in der dinglichen Welt in allen Gegenständen als nichtmeßbares Maß, als unzählbare Zahl oder als unwägbares Gewicht[6].

Die unzählbare Zahl ist die Eins als Ursprung und Einheit der Zahlen – selbst aber keine Zahl. Die zählbaren Zahlen hingegen existieren nur in bezug auf einen Körper, weil ansonsten Quantität in der Welt gar nicht feststellbar wäre[7].

S. 112 Z. 4-7 hingegen: „Cum vero ad ipsam creatricem venitur magnitudinem, quia conparari non potest, nec maior nec minor est. sic in his principalibus formis ratio par est, quas Plato ideas nominat."

4 Berlin Phill. 1833 Bl. 8vb; Bamberg 53 Bl. 8v; gedruckt, in: Claudianus, S. 112 Z. 7-9 „Nam secundum eandem quadrati legem fabricamus et quadratam tabulam et quadratum forum et cum forum maius quadratum sit, non est tamen magis quadratum."

5 Calcidius hat in seinem Kommentar, S. 78 Z 4-9, einen ähnlichen Individuenbegriff.

6 Berlin Phill. 1833 Bl. 8vb; Bamberg 53 Bl. 8v; gedruckt, in: Claudianus, S. 112 Z. 10-13 „Hinc capias oportet indicium illius non pensi ponderis et inmensurabilis mensure et innumerabilis numeri [...]."

7 Cambridge Trinity College MS 945 Bl. 5r „Numerus enim quantitatis species est. Omnis autem quantitas circa aliquid est et numquam sine cor-

Dieser Widerspruch, wenn er denn einer ist, bleibt ungelöst. Abbo versucht lediglich durch einen Vergleich plausibel zu machen, wie eine Zahl außer im Verhältnis auf etwas anderes auch durch sich selbst sein kann, womit beide rationes auf sie anwendbar wären. Er vergleicht die Zahl mit einem Körper, der entweder per se als ein Kontinuum wahrnehmbar oder in seine Bestandteile, Discreta, teilbar[8] ist. Für das Universalienproblem bedeutet dies, daß die Einheit sich in verschiedenen Gegenständen und Formen als deren Bestandteil wiederfinden kann, daß aber nur eines die Einheit selbst ist, nämlich Gott. Man muß sich dieses „als ein Bestandteil wiederfinden" wohl wirklich so vorstellen, daß das, was dem Gegenstand oder der Form zukommt, ein Teil von ihnen ist und nicht, wie es bei einer Eigenschaft der Fall wäre, der Gegenstand oder die Form Anteil an der Universalie hätten.

Die Teil- oder Nichtteilbarkeit soll schließlich feststellbar machen, ob etwas an sich ist, oder ob es ein bloßes Akzidens ist, das von dem Gegenstand losgelöst werden kann und das außer der Einheit eigentlich alles ist. Denn nur die Einheit als göttliches Prinzip ist immer, umfassend und keiner Teilung unterworfen[9].

Ein Ziel von Abbos Arbeiten – der logischen und komputistischen – ist es, das Warum und das Wie etwas geteilt werden kann, erkennbar zu machen, das Scheitern dieser Bemühungen bezüglich der Einheit zu zeigen[10] und so einen Widerschein der göttlichen Einheit zu erfassen.

Gezeigt werden kann auf diese Weise, wie die Zahlen und die Zyklen der Zeit stets wieder in der Eins enden, wie also

pore. Numerus igitur circa aliquid est et numquam sine corpore, quia eius esse in aliquo est."

8 Cambridge Trinity College MS 945 Bl. 5r „Omnis quippe numerus aut per se aut ad aliquid est, ita et corpora aut per se sunt ut continua aut aliquid ut discreta, si quis duo vel plura ad se invicem comparare velit corpora." Vgl. auch: Berlin Phill. 1833 Bl. 13rb.

9 Berlin Phill. 1833 Bl. 13ra; Bamberg 53 Bl. 23r „Sed dicit aliquis iusticia unum est, pietas quoque unum, quae dividi non possunt."

10 Vgl. Kap. III., S. 41 Fn. 9.

auch der größte Zyklus, der mit dem Jüngsten Gericht endet, wieder in die göttliche Einheit, aus der er seinen Ursprung hat, zurückfinden wird. Gezeigt werden kann aber auch Irdischeres, nämlich ob der Tag eine Substanz an sich oder nur ein Akzidenz bezüglich der Luft, in Form von der Sonne beschienener Luft, ist. Herausfinden kann man letzteres jedoch nicht, indem man die Natur, sondern indem man den Satz betrachtet; denn nicht die Natur zerlegt die Dinge in ihre Bestandteile, sondern die ars.

An Hand einer Analyse des Satzes „der Tag ist von der Sonne beleuchtete Luft"[11] wird gezeigt, daß der Tag keine Substanz per se, sondern ein Akzidenz einer anderen Substanz, nämlich der Luft ist, da der Tag einen Gegensatz in der Nacht hat und einen solchen Gegensatz kann eine Substanz prinzipiell nicht haben. Luft ist also vom Tag insofern trennbar, als sie auch ohne ihn vorhanden ist, denn Luft und Tag sind, anders als Hitze und Feuer, nicht notwendig miteinander verbunden[12].

---

11 Beda Venerabilis, De temporum ratione, hrsg. v. Ch. W. Jones, Opera Didascalica 2, CC 123 B, Turnholt 1977, Kap. V, S. 283 Z. 2.

12 Berlin Phill. 1833 Bl. 13ra; Bamberg 53 Bl. 23r „Dividitur itaque quicquid conpositum est in suis partibus eo necessario quod est aut simpliciter aut utiliter. Sed quod necesse est simpliciter semper in actu est ut caeli motus.[...] Porro necessario simplici quidam non potest dividi ut calor ab igne, alioqui in actu divideretur, quod est impossibile. Quicquid ergo compositum est, potest dividi, etiam actu si utile fuerit."

IV. Boethius „De Consolatione Philosophiae" Buch III Metrum 9 als Programm für Abbos gelehrte Arbeiten

Schon zu Beginn der Arbeit war behauptet worden, daß Abbo sämtliche Arbeiten – seine logischen, mathematischen und komputistischen – geschrieben hat, um die Formen in diesen Gebieten offenzulegen. Formen, die zwar der wirklichen, der einzig wahren Form nur ähneln, die uns jedoch wenigstens das Abbild der einzig wahren Form, nämlich Gott, erahnen lassen[1].

Damit einhergehend war auch schon dargelegt worden, daß für Abbo die Formen der verschiedenen Disziplinen jeweils einen Ursprung haben, in den sie auch wieder zurückkehren: Die Zahlen zur Eins, die Planetenläufe an ihren Ausgangspunkt, die Zyklen der Zeit an ihren Beginn und die sterbliche Seele zu ihrem Schöpfer. Eine Ausnahme bildet die Sprache, der nach Abbos Auffassung in jeder ihrer verschiedenen Ausführungen dieselbe Form zugrunde liegt. Diese kann durch logische Analyse offengelegt werden. Er erwähnt jedoch nicht, daß der Mensch die Ursprache, die er seit dem Turmbau von Babel verspielt hat, wiederfinden wird.

Abbo könnte seinen Arbeiten Metrum 9 in Buch III der Consolatione als Programm für die Erforschung der Formen in der Welt zugrunde gelegt haben, um die in Metrum 9 beschriebene Weltschöpfung zu rekonstruieren und dadurch einen Weg zu Gott zurück zu finden: „Die eine Form ist das wahre Sein und die Quelle der Bilder, also derjenigen Formen, die sich in Materie und Körper ergeben. Aus ihr ist alles, und somit ist sie das Eine, in das auch alles zurückfinden wird, was auch heißt, daß sie nur göttliche Substanz sein kann."[2]

---

1 Diese Auffassung von Form entspricht Platons Idee.

2 Boethius, „De Trinitate" , Kap. II Z. 18-21, 29-31, und 48-51.

Der Satz „Sed divina substantia sine materia forma est atque ideo unum et est id quod est" aus Boethius „De Trinitate" mag der entscheidende Ausgangspunkt für Abbos Überlegungen geworden sein, für die er in „De Consolatione" weitere Anknüpfungspunkte gefunden hat.

In Fleury hatte sich nicht nur die wohl älteste Abschrift der „Consolatio"[3], neben anderen Abschriften, die auch komputistische Werke Abbos enthalten[4], befunden, sondern auch ein Manuskript, das die ungewöhnliche Kombination von „De Consolatione", „De Arithmetica" und „De Trinitate" enthält[5]. Damit befand sich Fleury im Trend der Zeit, denn im zehnten Jahrhundert war die Kommentierung des neunten Metrums im dritten Buch bereits so etwas wie eine cause célèbre, für die man sich den Timaios-Kommentar des Calcidius zu Hilfe genommen hatte[6]. Aber auch im neunten Jahrhundert lassen sich

3 MS Orléans, BM 270 (226) (Mostert, Library BF 733) aus dem 9. Jh.

4 MS Bern Burgerbibliothek 250 (Mostert, Library BF 134), die im 10. Jh. in Fleury geschrieben wurde, enthält auch wichtige komputistische Werke Abbos, wie den „Tractatus astronomicus cyclo decemnovali, qui dicitur ephemerida Abbonis" und den „Calculus Victorii". Nach van de Vyver, Oeuvres inédites, S. 152-153, befindet sich auf Bl. 25r sogar die Handschrift von Abbo selbst. MS Orléans Bibl. Mun. 277 (Mostert, Library BF 748) aus der zweiten Hälfte des 10. Jh. enthält außer boethianischen logischen Schriften sogar ein Porträt Abbos. Dies macht es jedoch unwahrscheinlich, daß Abbo diese Handschrift selbst benutzt hat. Außer bei Marco Mostert kann man Hinweise auf „De Consolatione" bei H. Hagen, Catalogus Codicum Bernensium, Hildesheim 1974, Repr. d. Ausg. Bern 1875, Eintrag 250, finden. Nicht jedoch bei A. Cordoliani, in: Les manuscrits de la Bibliothèque de Berne provenant de L'Abbaye de Fleury au XI. siècle. Le comput d'Abbon, in: Zeitschrift für Schweizer Kirchengeschichte 52 (1958), S. 135-150.

5 Paris BN Cod. lat. 6401 (Mostert, Library BF 1083), von dem sicher ist, daß er in Fleury glossiert wurde, stammt aus dem 10. Jh.

6 Ein anonymer Autor aus Einsiedeln hatte im 10. Jh. den Timaios benutzt um das 9. Metrum zu interpretieren. Ed. R. B. C. Huygens, Mittelalterliche Kommentare zum „O qui perpetua", in: Sacris erudiri VI (1954), S. 400-404. Vgl. P. Courcelle, La Consolation de Philosophie dans la tradition. Antécédents et postérité de Boèce, Paris 1967, S. 273, 295-96, und 407-08; sowie Marenbon, S. 86. Der Prosatext neun zu Buch III legt dies nahe, da Platons Timaios dort explicit angesprochen wird.

bereits einige Kommentare nachweisen[7]. Abbo, der sich sowohl mit den logischen und philosophischen Texten des Boethius, als auch mit dem Timaios-Kommentar des Calcidius beschäftigt hat, könnte im neunten Metrum einen Ansatzpunkt zu einer Synthese seiner Gedanken gefunden haben.

O qui perpetua mundum ratione gubernas,
terrarum caelique sator, qui tempus ab aevo
ire iubes stabilisque manens das cuncta moveri
quem non externae pepulerunt fingere causae
materiae fluitantis opus verum insita summi
forma boni livore carens, tu cuncta superno
ducis ab exemplo, pulchrum pulcherrimus ipse
mundum mente gerens similique in imagine formans
perfectasque iubens perfectum absolvere partes,
tu numeris elementa ligas, ut frigora flammis,
arida conveniant liquidis, ne purior ignis
evolet aut mersas deducant pondera terras.
Tu triplicis mediam naturae cuncta moventem
conectens animam per consona membra resolvis;
quae cum secta duos motum glomeravit in orbes,
in semet reditura meat mentemque profundam
circuit et simili convertit imagine caelum.
Tu causis animas paribus vitasque minores
provehis et levibus sublimes curribus aptans
in caelum terramque seris, quae lege benigna
ad te conversas reduci facis igne reverti.
Da, pater, augustam menti conscendere sedem,
da fontem lustrare boni, da luce reperta
in te conspicuos animi defigere visus.
Dissice terrenae nebulas et pondera molis

Andere wiederum haben im 10. und 11. Jh. versucht, Boethius Metrum zu verwenden, um Platons Timaios zu interpretieren; vgl. Marenbon, S. 84. Marenbon gibt allerdings nicht an, um welche Manuskripte es sich hierbei handelt.

7 MS Vat. lat. 3363 (Mostert, Library BF 1313) kommt vielleicht aus Fleury und enthält neben einem Text von „De Consolatione“ wichtige Glossen zu Buch III, Metrum 9, die allerdings fast ganz ausradiert wurden (Courcelle, S. 269). Ein weiterer Kommentar aus dem 9. Jh. ist der des Anonymus aus St.Gallen, der sich in St.Gallen 845, Paris BN Cod. lat. 13953 und in Einsiedeln 179 befindet. Für beide ist aber noch keine Bibliothekszugehörigkeit bestimmt.

atque tuo splendore mica; tu namque serenum,
tu requies tranquilla piis, te cernere finis,
principium, vector, dux, semita, terminus idem.

Fast in jeder Zeile des neunten Metrums finden sich Vokabeln, die sich direkt mit Abbos Werk in Verbindung bringen lassen.

„Perpetua mundum ratione gubernas“ in Zeile eins verweist auf die Grundvoraussetzung für Abbos Arbeiten, nach der Gott den Geschehnissen in der Welt eine durchgängige und immer zutreffende ratio zugrunde gelegt hat. Nur so konnte Abbo annehmen, daß die Zeit sich immer auf Grund derselben Zyklen berechnen lasse, daß der Zeit, mit anderen Worten, eine mathematische Regelmäßigkeit zugrunde liegt.

Diese Grundvoraussetzung für die Erkenntnis der Welt war in dieser Deutlichkeit auch nicht von Beda hervorgehoben worden. Eher wäre zu überlegen, ob Gerbert von Aurillac denselben Zweck verfolgt hat, als er in seiner Geometrie zahlreiche Lösungsverfahren für ein und dieselbe Fragestellung angab und damit kenntlich machte, daß vielen verschiedenen Verfahren doch auch nur eine ratio zugrunde liegt.

Daß die Zeit, von der Ewigkeit herkommend, keine Einschnitte besitzt (Zeile 2 „tempus ab aevo“), konnte Abbo in dieser Weise sicher nicht unterstreichen. Für ihn gab es einen Anfang der Welt und damit einen Anfang ihrer Zeit. Ihr Ende wollte er freilich nicht voraussagen, gegen derartige Versuche wandte er sich sogar mit aller Heftigkeit. Daß der Herr die Bewegung gegeben hatte („das cuncta moveri“ Zeile 3), also auch den Planeten, die sich dann gemäß der ihnen vorgegebenen ratio bewegten, glaubte er allerdings auch.

Die nächsten vier Zeilen stellen das Fundament für Abbos Denken bezüglich der Formen dar, die uns ein Abbild von Gottes gütigem Bild ermöglichen können, – wenn wir sie richtig erforschen.

„Materiae fluitantis opus, verum insita summi
Forma boni livore carens, tu cuncta superno
Ducis ab exemplo; pulchrum pulcherrimus ipse
Mundum mente gerens similique in imagine formans.“
(Zeile 5-8)

Nur die Form des Guten[8], die nichts gegenständlich Gewordenes sein kann, hat Gott veranlaßt, die Welt aus der Materie zu gestalten. Es ist diese Form, die aus Gott selbst kommt, und die er als Beispiel für alles, als Bild für die Welt, genommen hat, die uns helfen kann, ein Abbild seiner Güte, in die wir wieder zurückkehren werden, zu bekommen. Sie ist es, die im Gegensatz zu der sich ständig verändernden Materie (materiae fluitantis) ewig und immerwährend ist.

Platons Idee des Guten, die im Neuplatonismus mit Einheit und damit mit Gott gleichgesetzt wurde, findet sich hier als „der sich durchhaltende Grund der veränderlichen, zeitlich-räumlichen Konkreta“[9]. Platons Idee ist jedoch schon bei Boethius zur Form geworden, was bei Abbo dazu geführt hat, nicht mehr über die Abbilder der Idee, sondern der Form nachzudenken und dieses Nachdenken mit der Frage zu beginnen, was Form sein könnte.

Die Form liegt Bestandteilen zugrunde, die sie verbindet und von deren Beschaffenheit und individuellem Bestand sie unabhängig ist. In diesem Sinne lassen sich die folgenden Zeilen von Boethius als Aussagen über die Form lesen, und sie könnten von Abbo so gelesen worden sein.

„Perfectasque iubens perfectum absolvere partes,
Tu numeris elementa ligas, ut frigora flammis
Arida conveniant liquidis, ne purior ignis
Evolet aut mersas deducant pondera terras.“
(Zeile 9-12)

Das Ganze ist durch vollkommene Teile gegeben, die zum Vollkommenen durch Maß, Zahl oder Gewicht verbunden sind, wodurch die Erde und das Weltall in gleichmäßigem Fortgang und Gleichgewicht gehalten wurden[10].

---

8 Der Gedanke, daß die Schöpfung von Gott zu einem Guten geordnet wurde, weil Gott gut ist, findet sich zuerst in Platons Timaios, 29d7-30a6.

9 M. Elsässer, Einleitung, S. XV.

10 In der Annahme, daß die Zeilen 9-12 zusammen gelesen werden müssen, folge ich H. Scheible, Die Gedichte in der Consolatio Philosophiae des Boethius, Heidelberg 1972, S. 105. Außerdem wurde ‚conveniant‘ mit E. Gothein frei mit ‚Maß einhalten‘ übertragen. Die Übertragung stimmt

Fast in der Mitte des Metrums, in Zeile 13, geht es bei Boethius um das Problem der Drei-Natur der Seele, das Abbo in seinen Arbeiten selbstredend mit allen anderen mittelalterlichen Kommentatoren als das Problem der Drei-Natur Gottes in seinen Arbeiten aufgegriffen hat. Und nicht nur diese Zeile, sondern alle darauffolgenden Zeilen (14-17), die von der Weltseele als Bewegerin des Alls handeln, ließen sich nicht wörtlich aus dem Metrum des Boethius übernehmen.

Eine, zugegeben etwas gewagte, These besteht nun darin zu behaupten, daß Abbo die Zeilen 15-17 als eine Beschreibung der duo magna luminaria, also von Sonne und Mond, verstanden hat. Stützen läßt sich diese These mit Hinweis auf den Bovo-Kommentar[11], in welchem Bovo die Weltseele bei Boethius mit den Gestirnen vergleicht, und dem bereits erwähnten Kommentar des Anonymus von St.Gallen, in dem die Weltseele und die Sonne miteinander in Verbindung gebracht werden. Damit wird deutlich, daß die Interpretation der für Christen schwer deutbaren Weltseele mit Hilfe göttlicher Schöpfung im zehnten Jahrhundert geläufig war. Da es sich bei Metrum 9 um einen Hymnus zur Weltschöpfung handelt, liegt es auch nahe, die Zeilen 15-17 so zu interpretieren, daß Gott den Himmel mit Sonne und Mond ähnlich dem Bild der zwei Kreise, in dem das Bewegte wieder an seinen Ausgangsort zurückfindet, gestaltet habe. „Quae cum secta duos motum glomeravit in orbes, In semet reditura [...], Circuit et simili convertit imagine caelum“ (Zeile 15-17).

---

aber nicht nur mit dem Kontext von Zahl und Gewicht überein, sondern gibt auch die wörtliche Übersetzung ‚Dürre und Regen stimmen überein‘ mit ‚Dürre und Regen halten ihr Maß ein‘ sinngemäß richtig wieder.

11 Bei Bovo heißt es: „Unde sufficiat nobis scire quod scriptura loquitur a Deo facta esse duo magna luminaria; naturam vero illorum altius velle scrutari temerarium est.“ Ed. v. R. B. C. Huygens, S. 383-398, hier S. 398 Z. 457-458. Das Bovo-Zitat bezieht sich auf die Zeilen 18-21 bei Boethius. Vgl. auch J. Beaumont, The Latin Tradition of De Consolatione, in: Boethius. His Life, Thought and Influence, ed. v. M. Gibson, Oxford 1981, S. 293-295 und Marenbon, S. 85.

Um die nachfolgenden Zeilen 23-27 in Boethius' neuntem Metrum in seiner Intention und der möglichen Rezeption durch Abbo verstehen zu können, muß zunächst auf die Lichtmetaphysik im Neuplatonismus eingegangen werden.

Da fontem lustrare boni, da luce reperta
In te conspicuos animi defigere visus
[...]
Atque tuo splendore mica; tu namque serenum,
[...] te cernere finis,
Gib meinem Geist zu schauen die Quelle des Guten,
gib Du ihm wieder Licht des Geistes,
daß er auf Dich nur richte die Augen.
[...]
Leuchte Du auf mit Deinem Glanz, denn Du bist die Helle,
[...], Dich schauen ist Ende.

Hinter diesen Zeilen steht Platons Sonnengleichnis als Ausgangspunkt der Geschichte der Lichtmetaphysik. Im Gleichnis wird die Sonne mit der Idee des Guten verglichen. Es ist die Sonne, die uns die Welt sichtbar macht und das Sein hervorbringt, und im Bereich des Intelligiblen die Idee des Guten, die die Erkennbarkeit und das Sein der platonischen Ideen bewirkt. Dieses Gleichnis, verbunden mit den Bibelzitaten, nach welchen Gott die „Sonne der Gerechtigkeit" ist, führt, verbunden mit Plotins Betonung des Begriffs des Einen als Bezeichnung der Idee des Guten, im Neuplatonismus und in der Patristik zu einer Analogie zwischen Sonne und Gott, die das Gute, die Einheit, der Ursprung und das Ende von allem sind[12].

Bei Platon ist Erkennbarkeit, d. h. die Intelligibilität des Wahren, allein aus der Idee des Guten begründet, denn: „Die Begreifbarkeit (Intelligibilität) der Idee entspringt [...] daraus, daß ihr Sein durch das von der Idee des Guten ausgehende

12 Vgl. M. Elsässer, Einleitung, S. XV-XVI und W. Beierwaltes, Artikel ‚Licht', in: Historisches Wörterbuch der Philosophie, Bd. 5, hrsg. v. J. Ritter und K. Gründer, Basel/Stuttgart 1980, Sp. 282-286, hier Sp. 282-283.

metaphysische Licht [...] selbst licht, d. h. in sich und damit dem Denken unverborgen, intelligibel [...] ist."[13]

Ganz in diesem Sinne sind auch die Zeilen 23-27 bei Boethius zu verstehen. Gott ist die Quelle des Guten, die geistige Sonne; er ist es, der Einsicht gewährt, er ist die Quelle und das Ende des Lebens.

Boethius, der angetreten war, um Platon und Aristoteles zu vereinen, spricht hier nicht von der Problematik, die Spätere bewegt hat, wie der Bereich des sinnlich Wahrnehmbaren und der des Intelligiblen, Geistigen miteinander in Verbindung stehen. Platon, für den die Erkenntnis im Bereich der Ideen zu finden war, weil nur sie unveränderlich sind, mußte sich darüber keine Gedanken machen, denn für ihn ist die sich stets ändernde Welt nur Abbild der intelligiblen Welt[14].

Den Christen Boethius, der an einen göttlichen Überbau jenseits der Sinnenwelt glaubt und diesen als Ziel der Erkenntnis bezeichnet, muß das Problem der sinnlichen Wahrnehmung auch nicht beunruhigen. Anders der Christ Abbo. Er äußert sich in seinem Kommentar dazu, so daß diesbezüglich der gesamte Themenkomplex Form, Intelligibilität, Welt und sinnliche Wahrnehmung hier noch einmal aufgegriffen werden muß.

Wie der Geist nur Abbilder der wahren Form in den Formen, die der Welt zugrunde liegen, erkennen kann, kann er auch die Gegenstände der Welt nur als Abbilder begreifen. Denn die Sinne können die körperlichen Gegenstände nach Abbo nicht als körperliche Substanz aufnehmen, sondern nur die Formen der Dinge mit Vermittlung des Lichts. Abbos Äußerungen zur Sinneswahrnehmung sind sehr verkürzt. Der Bemerkung, daß sich ein Feuer vom Herzen der Pupille bis

13 W. Beierwaltes, Artikel ‚intelligibel, das Intelligible, Intelligibilität', in: Historisches Wörterbuch der Philosophie, Bd. 4, hrsg. v. J. Ritter und K. Gründer, Basel/Stuttgart 1976, Sp. 463-465, hier Sp. 464.

14 W. Beierwaltes, Artikel ‚Mundus intelligibilis/sensibilis', in: Historisches Wörterbuch der Philosophie, Bd. 6, hrsg. v. J. Ritter und K. Gründer, Basel/Stuttgart 1984, Sp. 236-238.

zum Feuchten des Auges vorarbeitet[15], kann man jedoch entnehmen, daß es sich um die platonische Wahrnehmungstheorie handelt[16].

Platons Theorie beruht auf der Vorstellung, daß das dem Tageslicht ähnliche Augenfeuer mit ersterem verschmelzen kann und sich dann mit diesem gemeinsam zu den wahrnehmbaren Gegenständen erstreckt. Ob Abbo allerdings angenommen hat, daß der Lichtstrahl vom Auge zu den Objekten reicht, oder ob er Platons Vorstellung nicht so modifiziert hat, daß das Licht von den Gegenständen ausgeht und aufs Auge trifft, ist schwer zu entscheiden. Er hat mit diesen kargen Worten die Parallele von Wahrnehmung und Erkenntnis gezogen, die bei Boethius unerwähnt geblieben ist. Sehen, in einem doppelten Sinne, kann man sowohl die Dinge als auch Gott, nur mittels der Formen. Eben diese Vorstellung findet sich bei Platon bezüglich des Lichts wieder, denn bei ihm ist die Sonne das Licht für die Wahrnehmung der Gegenstände und das Gute das Licht für die Wahrheit[17].

Abbos Ziel ist es gewesen, die Abbilder der göttlichen Form und damit die Einheit als „Prinzip" mit Hilfe der ratio und der ihm zur Verfügung stehenden Disziplinen Mathematik, Logik, Komputistik und Astronomie zu erkennen, wobei er Mathematik und Astronomie nur ansatzweise für Darstellung und Verständnis der Komputistik verwendet hat.

Die Komputistik hatte zu Abbos Zeit zwar noch keine eigenständige Stellung innerhalb des Fächerkanons des Quadriviums. Die herausragende Position, die sie innerhalb Abbos Arbeiten eingenommen hat, erklärt sich aber aus der Endzeitstimmung um das Jahr 1000, die die Beschäftigung mit der Zeit für Abbo vorrangig gemacht hat. Sie nimmt bei ihm aber nicht deshalb den ersten Platz ein, weil er selbst einer Endzeitvision

---

15 Vgl. Kap. II. 4., S. 33 Fn. 47.

16 Berlin Phill. 1833 Bl. 10ra und Bamberg 53 Bl. 12r/12v. Platon, Timaios 45b-d. Vgl. auch D. C. Lindberg, Auge und Licht im Mittelalter. Die Entwicklung der Optik von Alkindi bis Kepler, Frankfurt 1987, S. 24-25.

17 W. Beierwaltes, Lux intelligibilis. Untersuchung zur Lichtmetaphysik der Griechen, Diss. München 1957, S. 51f.

nachhing, sondern weil er seinen Zeitgenossen mit der Komputistik zeigen konnte, daß die Ankunft Christi sich nicht vorausberechnen läßt. Mit Hilfe des übernommenen platonischen Gedankenguts konnte er seine Überzeugung auch philosophisch untermauern. Er zeigte, daß die in der Welt offenzulegenden zeitlichen Formen nur Abbilder der wahren Zeit sein können und daß den wahren Verlauf der Zeit mithin nur Gott allein kennen könne.

Ausgegangen war Abbo von Metrum 9 in Buch III von „De Consolatione“, der seinen Arbeiten direkt oder indirekt als neuplatonisches Programm zugrunde lag. Die wichtigsten Gesichtspunkte dieses Programms sollen deshalb mit Bezug auf den Metrum des Boethius noch einmal angeführt werden:

(1) Die herausgehobene Stellung der ratio für die Erkennbarkeit der Welt; bei Boethius „perpetua ratione“ Zeile 1.

(2) Die Auffassung von Zeit als ewiger Form; „tempus ab aevo ire iubes“ Zeile 2-3, die sich bei Abbo in der Gestalt des ewigen Kalenders verbirgt.

(3) Die Bestimmung der Teile eines Ganzen, um Gewißheit über seine Form erlangen zu können; „perfectasque iubens perfectum absolvere partes“ Zeile 9 in Verbindung mit „forma boni“ Zeile 6, die sich bei Abbo in seinem Kommentar explicit, aber auch implicit in seinen Arbeiten zur Komputistik wiederfindet.

(4) Das Verständnis der Begriffe Maß, Zahl und Gewicht als der den Dingen zugrunde liegenden Formen; bei Boethius Zeile 10-12 und bei Abbo in seinem Kommentar.

(5) Die Bedeutung der Himmelsbewegung bei Boethius für das Walten der Weltseele Zeile 13-17, bei Abbo als Abbild himmlischer Ewigkeit und als Beweger irdischer Zeit, die in Abbos kleineren Abhandlungen zur Astronomie, in der Komputistik und in der Übernahme der geometrischen Figuren des Calcidius zum Ausdruck kommt.

(6) In Verbindung mit den Himmelskörpern findet sich auch der Themenkomplex Sonne und Licht, Form und Sehen sowohl bei Boethius Zeile 22-24 als auch in Abbos Kommentar und seinen astronomischen Schriften wieder.

(7) Als letzter Punkt läßt sich schließlich die Rückkehr jeden Seins zu seinem Ausgangsort anführen, mit dem das Gedicht des Boethius endet und zu seinem Höhepunkt geführt wird: „te cernere finis, Principium [...], terminus idem“, Zeile 27/28. Dieses Motiv durchzieht alle Arbeiten Abbos, die theologischen, komputistischen und astronomischen. Gott selbst ist Ursprung und Ende, eine Ewigkeit, die uns in allen möglichen Abbildern wieder und wieder vor Augen geführt wird.

V. Aristoteles und die Unteilbarkeit von Zeit und Bewegung

Das Notwendige ist nach wohl einheitlicher Definition um 1000 das, was man nicht nicht machen kann, es ist das Unveränderbare[1] und damit das Ewige, das Göttliche.

Im Anschluß an Aristoteles gehört dazu der actus, weil auch er unteilbar ist[2]. Abbo hat scharfsinnig, mit „geübtem Geist", erkannt, daß unter diesen Voraussetzungen auch die Veränderung, die Bewegung und in Verbindung mit der Bewegung der Planeten auch die Zeit nicht teilbar sein dürfen[3]. Wie wären dann aber die komputistischen Zyklen, die Bewegung der Planeten im Zodiakos oder die einzelnen Mondphasen, deren Abbildbarkeit durch Zahlen auf Teilbarkeit beruht, überhaupt darstellbar? Oder sollten sie das sein, was es im Irdischen eigentlich nicht gibt, nämlich das Unteilbare, das Göttliche? Abbo hatte doch festgestellt, daß letzteres uns in den Dingen nur in den Formen und Abbildern zugänglich ist – zugänglich als eine Ahnung von dem Übernatürlichen.

Um diesen Widerspruch auflösen zu können, stellt Abbo von Fleury entgegen Aristoteles fest, daß auch der actus in seine Bestandteile zerlegt werden kann, – die Bewegung also in Längeneinheiten und die Zeit in Stunden und Minuten oder in

---

1 Abbo: Berlin Phill. 1833 Bl. 13ra und Bamberg 53 Bl. 23r „Quia quod necessario fit impossibile est non fieri et quod impossibile est non fieri non potest mutari quin fiat". Gerbert, „De rationali uti", Migne PL 139, Sp. 162B/C.

2 Gerbert, „De rationali", Migne PL 139, Sp. 161D-162A.

3 Aus der Feststellung des Aristoteles, daß die Zeit an sich kein Kontinuum oder ein Quantum sein kann, folgert auch Gernot Böhme, daß die Zeit an sich bei Aristoteles nicht teilbar ist. Vgl. G. Böhme, in: Zeit und Zahl. Studien zur Zeittheorie bei Platon, Aristoteles, Leibniz und Kant, Frankfurt 1974, S. 188.

Zahlentabellen. Für Aristoteles hingegen sind Zeit und Bewegung nicht teilbar, weil man, um etwas teilen zu können, anhalten muß, was bei einer Strecke zwar möglich ist, nicht aber bei einem Jetzt, das nicht greifbar ist, und nicht bei einer Bewegung, die nicht angehalten werden kann. Zeit ist bei Aristoteles daher nur in bezug auf das feststellbar, auf dem die Bewegung stattfindet, da das frühere Jetzt und das spätere Jetzt als das Frühere und das Spätere der Bewegung auf einer Strecke oder Zahlenperiode feststellbar sind. Bei Aristoteles ist es also auch die Bewegung, die die Zeiteinheit bestimmt, weil auch er die periodische, zyklische Bewegung benötigt, um eine Zeiteinheit definieren zu können[4].

Veränderung und Bewegung sind bei Aristoteles und bei Abbo aber nicht etwas, das wie das Bleibende per se wahrnehmbar bzw. erkennbar wäre, sondern etwas, das nur in bezug auf etwas anderes, also etwa bezüglich Zahlenverhältnissen, Abschnitten im Zodiakos oder in bezug auf die Stellung der Planeten zueinander, erkennbar ist. Unter diesen Voraussetzungen kann der Tag auch gemäß einem Zeitraum von 24 Stunden definiert werden[5] und die Stunde als ein Teil der Ewigkeit[6], die einem Abschnitt im Raum der sich bis zum Jüngsten Gericht drehenden Himmelsmaschine zugeordnet ist[7].

---

4 Vgl. G. Böhme, Zeit und Zahl, S. 188-193.

5 Cambridge 945 Bl. 5v „Una quoque pars est in caelo quantum sol progreditur in XXIIII horarum spatio. Quod spatium diem vocant, quia in hoc tota spera caelestis revolvitur."

6 Berlin Phill. 1833 Bl. 13va; Bamberg 53 Bl. 25r „Sequitur hora que est finis eius temporis quod cum sit quaedam pars aeternitatis tamen profertur secundum certam significationem sui alicuius spacii ut annui vel diurni."

7 Vgl. dazu Evans, Peden, S. 119, nach denen das Wasseruhrbeispiel von Abbo nur angeführt wird, um zu zeigen, daß auch Unkörperliches geteilt werden kann. Bei Abbo heißt es, in: Berlin Phill. 1833 Bl. 13va; Bamberg 53 Bl. 25r „Nam cum maiores nostri astrologiae dediti aequinoctialem diem noctemque simul claepsidra in XXIIII aequis partibus dividerent uniuscuiusque partis finem cum aspiratione horam vocaverunt ipsisque partibus sive horis XXIIII totam machinam caeli cotidie revolvi innotuerunt." Vgl. zu „machina mundi" auch J. Mittelstraß, Das Wirken der

Zeit und Bewegung sind auf Grund dieser Prinzipien auch auf Instrumente abbildbar; denn wenn die Umdrehung der gesamten Himmelsmaschine in 24 Teile aufspaltbar ist, können diese 24 Teile, auf eine Wasseruhr übertragen, ebenfalls die Umdrehung der Himmelsmaschine, mithin den Umlauf der Zeit, beschreibbar machen[8].

Die Veränderung gemäß den Zyklen der Zeit – des Tages, der immer wieder von 1-24 verläuft; dem 19jährigen Zyklus, der immer wieder im Ursprung der Eins endet; dem 532jährigen Zyklus und dem großen platonischen Zyklus, an dessen Ende die Planeten wieder die Stellung eingenommen haben werden, die sie einst am Anfang der Welt, als Gott sie geschaffen hat, eingenommen haben – diese Veränderung lehrt den Menschen, daß alles wieder zu seinem Beginn zurückkehrt. Bedenkenswert ist nur, daß Abbo im Zusammenhang mit seinen Überlegungen zur Einheit die Einheit der Kirche kein einziges Mal erwähnt.

Ein letztes Problem, das Abbo im Zusammenhang mit Kontinua, Wirklichkeit und Teilbarkeit als christliches, aber auch als antikes Problem zu lösen hat, ist das der Unendlichkeiten – der unendlich kleinen und unendlich großen Entitäten.

Von Aristoteles konnte Abbo lernen, daß der actus als der Möglichkeit entgegengesetzte Wirklichkeit nicht unendlich teilbar ist und so auch körperlich ausgedehnte Gegenstände nur qua Möglichkeit unendlich teilbar sind. Das Unendliche existiert, da es keine aktual unendliche Größe gibt, auch nur in der Möglichkeit, nicht aber in der Wirklichkeit, da „wirklich immer nur ein bestimmter Tag [ist], aber die Möglichkeit immer neuer Tage [...] niemals erschöpft [ist].“[9]

Natur. Materialien zur Geschichte des Naturbegriffs, in: Naturverständnis und Naturbeherrschung, hrsg. v. F. Rapp, München 1981, S. 36-69, hier S. 51-59.

8 Berlin Phill. 1833 Bl. 13va; Bamberg 53 Bl. 25r; so auch Macrobius, In somnium, Buch I, Kap. 21 Abs. 12, den Abbo gelesen hat.

9 W. Wieland, Die aristotelische Physik, Göttingen 1970, S. 299; ebd. auch zur Teilung von Kontinua, Zeit und Strecken, S. 282-303.

Aus Buch III der Physik des Aristoteles finden sich bei Abbo zwar nur diejenigen Stellen, die er aus Claudianus Mamertus übernommen hat, diese[10] zeugen aber zusammen mit einigen Passagen aus Gerberts „De rationali et ratione uti“[11] von einer Diskussion der beiden Hauptkontrahenten Abbo und Gerbert um den aristotelischen und den platonischen Zeitbegriff. Eine Diskussion, an die sich Abbos Überlegungen zu Unendlichkeit, Teilbarkeit und räumlicher Endlichkeit der Welt anschlossen.

Eine solche Diskussion um 1000? Unglaubwürdig, wenn man meint, daß die Unumstößlichkeit der Bibel als erster Autorität und damit das Ergebnis der Diskussion die beiden Kontrahenten davon habe abhalten können, über solche Begründungen für Endlichkeit von Zeit und Welt nachzudenken, die unter gewissen Voraussetzungen über die Welt zu demselben Ergebnis führen können.

Gerbert der Aristoteliker, ein Aristoteliker ohne aristotelische Schriften, Abbo der Platoniker, ein Platoniker ohne platonische Schriften? Was dies betrifft, dürfte Gerbert einen Vorsprung gehabt haben, denn zumindest einige logische Schriften des Aristoteles waren von Boethius übersetzt, aber eben von Boethius, der es sich zur Lebensaufgabe gemacht hatte, Aristoteles und Platon zu vereinen. Man darf sich aus diesem Grund nicht wundern, wenn man auch bei Gerbert auf platonisches Vokabular trifft, und man stößt bei Gerbert sogar auf fast alle platonischen Begriffe, die sich bei Abbo auch finden lassen.

---

10 Berlin Phill. 1833 Bl. 8vb Mitte bis Bl. 9ra und Bamberg 53 Bl. 8v und 9r stammen wörtlich aus Claudianus Mamertus Buch II, 4, S. 111 Z. 19 – S. 114 Z. 22. Claudianus hat diese Stelle wiederum aus Aristoteles, Physikvorlesung 205b, Z. 24-31. Die Passagen über die Endlichkeit der Welt sind zumindest an ihn angelehnt. Neben den Textstellen bei Mamertus wird Abbo auch diejenigen bei Johannes Scottus Eriugena gekannt haben, die sich auf die aristotelische Unterscheidung von actus und potestas beziehen (III., Sp. 657A-657D, S. 114-116). Eriugena verändert diese Terminologie für seine Zwecke jedoch stark; eine Veränderung, welche Abbo nicht übernommen hat.

11 Insbesondere: Gerbert, De rationali, Migne 139, Sp. 164 A.

Gerade diese Tatsache spricht für eine intensive Diskussion der beiden Kontrahenten.

Abbo hingegen konnte sich mit dem ihm zur Verfügung stehenden Quellenmaterial „seines Philosophen" nicht ganz so glücklich schätzen. Er mußte sich mit den bereits genannten Kommentatoren zu platonischen Schriften und den Interpretationen platonischen Gedankenguts zufrieden geben[12].

An folgendem Satz, welcher den Versuch darstellt, den aristotelischen Zeitbegriff auch für Christen denkbar zu machen, sieht man am besten, daß Gerbert zu Recht „der Aristoteliker" genannt wird: „Numerus namque potestate infinitus est; sed cum dixeris quemlibet, actu finitus est. Et de tempore eadem ratio est. Tempus enim potestate infinitum est: sed cum dixeris diem, mensem, annum, vel aliud quodlibet, actu finitum est."[13]

Die Schwierigkeit, diese und andere im Vokabular ähnliche Stellen zu verstehen, ergibt sich aus der Übersetzung von actus als der dem Vermögen oder der bloßen Möglichkeit (potestas) gegenüberstehenden Wirklichkeit[14]. Gerbert verwendet diese Unterscheidung, um das, was ist oder sein könnte, von dem unterscheiden zu können, was nur qua Möglichkeit gegeben ist. Erst durch die sprachliche Einteilung der Zeit in Tag, Monat, Jahr oder in was auch immer es beliebt (!) wird schließlich auch die wirklich gewordene Zeit endlich, obwohl die Zeit qua Möglichkeit unendlich ist.

---

12 Abbo könnte Boethius aber auch wie die Gelehrten des 20. Jahrhunderts als einen „in Wahrheit [...] im Geiste Platons [Philosophierenden] ansehen [...] [der] doch einem metaphysischen Realismus [erliegt], der die Aristotelische Philosophie der substantiellen Formen auf die einzige Wahrheit der reinen Wesenheiten zurückführt;"; aus: M.-D. Chenu, Die Platonismen des zwölften Jahrhunderts, in: Platonismus in der Philosophie des Mittelalters, hrsg. v. W. Beierwaltes, Darmstadt 1969, S. 268-316.

13 Gerbert, Migne PL 139, Sp. 164 A; Aristoteles, Physikvorlesung, Buch III, Kap. 6.

14 O. Schwemmer, Artikel ‚Actus', in: Enzyclopädie Philosophie und Wissenschaftstheorie Bd. 1, S. 44, hrsg. v. J. Mittelstraß, Mannheim/Wien/Zürich 1980.

Abbo hingegen übernimmt von Claudianus Mamertus zwar das Aristoteleszitat, nach welchem Dinge immer noch einmal räumlich oder zeitlich unterschieden werden können[15], da der actus aber an sich endlich ist, ist dies nicht bis ins Unendliche möglich. Abbo sagt also nichts darüber aus, ob die Zeit potentiell unendlich sein kann. Er erkennt aber rein geistige Größen an, die qua Möglichkeit ein Minimum noch unterhalb dessen, was bereits nicht mehr wahrgenommen werden kann, und ein Maximum jenseits dessen, was für die Sinne zugänglich ist, darstellen können. Er übernimmt diese aristotelische Vorstellung ebenso wie jene, nach der die Welt als endliche Größe durch die Masse des Universums und seinen daraus resultierenden Grenzen bestimmt ist[16].

Der Zeitbegriff bei Abbo ist jedoch platonisch, was sich nicht am Kommentar zum „Calculus" des Victorius direkt beweisen läßt, sondern nur an den darin enthaltenen Ausführungen zur Einheit und den sich an den Kommentar anschließenden komputistischen Tabellen, in denen immer wieder gezeigt wird, daß die Zyklen der Zeit in die Eins, d. h. in die Einheit, zurückkehren. Böhme hat das für die Zeitvorstellung bei Platon wie folgt ausgedrückt: „Nicht nur wird das Mannigfaltige aus dem Einen erzeugt, sondern das erzeugte Viele stellt sich letztlich wieder als ein Ganzes, als ein System heraus, das Schritt für Schritt aus der Einheit erzeugt werden kann."[17] Dieses Zitat könnte ebensogut als Motto über Abbos komputistischen Tabellen stehen, wie das des Sokrates im „Staat": „Die Gestirne am Himmel sind zwar das vollkommendste ihrer Art, aber sie bleiben doch hinter dem Wahrhaften zurück, hinter

15 Claudianus Mamertus, S. 112 Z. 16 -21: „Nam et numeris in corporibus certus est modus et pondiculi trutinae certum est pondus et decempedae certa mensura est a cuius magnitudine et citra recurri licet usque ad uncias et semuncias et usque ad minimum, citra quod nihil est, et ultra item progredi usque ad maxima et ipsius quoque mundi inaccessa nunc sensibus spatia."

16 Berlin Phill. 1833 Bl. 8vb; Bamberg 53 Bl. 9r.

17 Böhme, Zeit und Zahl, S. 135.

den Bewegungen, die nur durch Zahl und Figuren zu erfassen sind, also nur mit der Vernunft, mit dem Gesicht aber nicht."[18]

Abbo hat dieses Platonzitat sicher nicht gekannt; es trifft aber, wie man bei der Besprechung seiner komputistischen Tabellen sehen wird, genau auf seine Darstellung der Zeit zu. In seinen Tabellenwerken wird sie durch die Zahl, in den geometrischen Wiedergaben der Planetenbewegungen durch Figuren abgebildet.

Und nicht nur für Platon, sondern auch für Abbo wurde die Behandlung der Planetenbewegungen zu einer astronomischen Zeitlehre, zu einer kosmischen Uhr[19], deren Ziffernblatt das große vollkommene Jahr wäre, in dem alle einzelnen Perioden ganzzahlig aufgehen, und das die Mannigfaltigkeit der Zeiten so zu einem System zusammenfaßt. Für Abbo wäre ebensowenig wie für Platon gewiß, wie oft die Zeiger das eine große Ziffernblatt durchlaufen; sicher wäre für ihn aber, daß sie dies nicht unendlich oft, sondern nur bis zum Jüngsten Gericht tun.

Die Endlichkeit der Zeit wird im Kommentar selbst nur indirekt angesprochen, wenn es heißt, daß die Zeit einerseits als eine mit einem Instrument meßbare Entität dargestellt werden kann, und die Meßbarkeit andererseits auf das Endliche beschränkt wird[20]. Damit ist eine Problematik angesprochen, welche ebenfalls bereits von Johannes Scottus Eriugena diskutiert worden war, die Frage nach dem Verhältnis von Ewigkeit und Zeit verbunden mit der nach der Teilbarkeit der Zeit. Bei Eriugena sind Raum und Zeit Begrenzungen (De-finitionen) eines Prozesses, der ohne diese unendlich, d. h. ewig wäre.

---

18 Platon, Politeia, 529 c,d.

19 Böhme, Zeit und Zahl, S. 137, 150 und 154.

20 Berlin Phill. 1833 Bl. 8vb; Bamberg Bl. 9r „Proinde mundi moles universa, quoniam ex finitis est conpacta corporibus, quippe cum alterum corpus alteri finem faciat, procul dubio ipsa finalis est propter quod et mensurabilis. Extra mundum autem quoniam locus esse non potest, localis mensura ubi locus nullus est non accedit, cum desit quod metiri possit, quo possit metiri super est, quia finito mensurabili inmensurabilis mensura non deficit."

Darüber, wie diese Einteilungen im Einzelnen aussehen, hat sich Eriugena nicht geäußert, Abbo von Fleury hat jedoch selbstverständlich die traditionellen herangezogen, also Stunde, Tag, Monat und Jahr. Gerbert von Aurillac hingegen hat sich trotz der Entfernung vom göttlich Unendlichen nicht von der Beschäftigung mit dem Astrolab als Zeitmeßinstrument abhalten lassen, sondern sich vielmehr zu der Bemerkung veranlaßt gesehen, daß das ein merkwürdiger Philosoph sei, der nicht lernen wolle, alles von selber wisse[21] und sich dadurch nicht auf ein genaues Studium der Teile der Zeit einlasse.

Bereits der Zeitgenosse Konstantin von Fleury, ein Vertrauter Gerberts und Nachfolger Abbos, war sich darüber im Klaren, daß die Unterschiede zwischen den beiden Kampfhähnen nicht so tiefgreifend gewesen sein können. Erst zweihundert Jahre später war es aber dem Sprachphilosophen Abaelard ein leichtes, Gerbert darin zu folgen, daß Stunde, Tag und Monat in der Wirklichkeit nur benannt würden, gleichzeitig mit Abbo aber darin übereinzustimmen, daß alle Zeitläufe zyklisch aufzufassen seien[22].

---

21 Gerbert, Opera Mathematica, S. 7; vgl. auch A. Borst, Astrolab S. 63, der diese Äußerung ebenfalls mit dem Umstand in Verbindung bringt, daß Abbo sich mehr um neuplatonische Kosmologie als um Astrolab und Abacus gekümmert hat.

22 Petrus Abaelard, Dialectica, hrsg. v. L. M. De Rijk, Assen 1970, S. 62 Z. 22-31. Es dürfte auch kein Zufall sein, daß Abaelard, genau wie Abbo, den Satz Bedas aufgreift: „Iam enim sol lucens super terram et dies idem sunt." Abaelard, S. 586 Z. 1-8.

VI. Zeit, Mathematik und Sprache

Beda hat den von Isidor von Sevilla in seinen „Ethymologiae“ unternommenen Versuch, eine größere Nähe zu Gott durch das Verstehen derjenigen alten Sprachen, in denen Gott sich den Menschen mitgeteilt hat[1], zu erreichen, aufgegeben, auch wenn er an vielen ethymologischen Erklärungen Isidors festgehalten hat. Mit Beda versucht man die eigene Position in die von Gott gegebene Zeitskala auszurechnen und nicht mehr an Hand von Sprache zu eruieren – dachte ich zu Beginn der Beschäftigung mit Zeitrechnung. So eindeutig kann diese Entwicklung jedoch nicht verlaufen sein.

Die Sprache bleibt die vorherrschende Wirklichkeit, und bevor man anfängt darüber nachzudenken, ob neben die Beschäftigung mit der in Worte gefaßten Welt Berechnung tritt, muß man darüber nachdenken, welche Funktion und Bedeutung Mathematik im Mittelalter hat, insbesondere, ob sie eher als etwas Sprachliches, denn als Sprache gesehen wurde.

Zumindest bei Abbo kann Mathematik nur etwas Sprachliches, nicht aber eine Sprache sein, weil sie in den Bereich gehört, in dem Unendlichkeiten denkbar sind, mithin in den Bereich des rein geistig Möglichen, während durch Sprache Wirklichkeit konstituiert wird. Vom Wort getrennt wird die Zeit erst durch Überlegungen Hermanns des Lahmen zum Bruchrechnen und erst damit wird auch die Zeiteinteilung endgültig als Konvention erkannt.

Insofern auch Beda Venerabilis als dritte Quelle für die Zeitrechnung die menschliche Gewohnheit angeführt hatte, war eine gewisse Konventionalisierung schon früh in die christ-

1 Dazu: A. Borst, Das Bild der Geschichte in der Enzyklopädie Isidors von Sevilla, in: Deutsches Archiv 22 (1966), S. 1-62.

liche Zeiteinteilung eingeführt worden. Welcher Stellenwert diesen Bemerkungen im Verhältnis Sprache-Zeit-Gewohnheit jedoch in der Tat eingeräumt werden muß, wird erkennbar, wenn man sich die Beispiele ansieht, die Beda für „menschliche Gewohnheit" anführt. Eines der Beispiele in „De temporibus" ist die Festlegung des Monats auf 30 Tage[2]. Was dies in bezug auf die beiden anderen Quellen der Zeit – die göttliche und die kirchenväterliche Autorität und die Natur – bedeutet, läßt sich am deutlichsten in „De temporum ratione" nachlesen[3].

Menschliche Gewohnheit bzw. durch den Menschen eingeteilte Zeit besteht nämlich im Gegensatz zu der „Zeit der Natur" nur, wenn ihr ein Name gegeben wurde, während die Natur und damit auch die von ihr ablesbare Zeit unabhängig davon bestehen. Denn das Sonnen- und Mondjahr ist auf Grund des Umlaufes von Sonne und Mond auch unabhängig von der Benennung beobachtbar, während man die Stunde als abgegrenzte Zeiteinheit[4] für eine verabredete Tageseinteilung als Namen benötigt, der auch durch die der Stunde entsprechenden 40 Momente ersetzt werden könnte.

Der Unterschied in der Behandlung von Jahr, Monat, Stunde und Moment, die alle vier in Hinblick auf den Raum, den sie im Zodiakos durchlaufen, definiert werden, besteht darin, daß der Moment als schnelle Bewegung der Planeten durch einen Raum des Zodiakos nicht als Zeitraum wahrgenommen werden kann, weil er dafür zu klein ist. Die Stunde ist, wie von Abbo dargelegt, erst durch die Wasseruhr im Zodiakos indirekt eindeutig wahrnehmbar; von dem Monat mit 30 Tagen aber wußte man, daß er eine römische Erfindung gewesen ist.

Über den einmaligen, im Zodiakos beobachtbaren, regelmäßigen Verlauf von Sonne und Mond innerhalb eines Jahres konnte man jedoch nicht anders als von einer Naturgegebenheit denken, obwohl der Zodiakos selbst für viele wohl auch

2 Jones, CC 123 A, Kap. I, S. 585.
3 Jones, CC 123 B, S. 274 Z. 10-11 und 14-15.
4 Jones, CC 123 B, S. 276 Z. 14-22.

nur einen auf dem Pergament aufgezeichneten Kreis mit 12 Segmenten darstellt. Dieser hätte aber immerhin als Fixsternsphäre am Nachthimmel beobachtet werden können.

Bezogen auf die Diskussion um 1000 wurde dieser von Beda vorgegebene Denkrahmen, nach welchem Zeit auch durch Sprache konstituiert wird, verändert und die Bedeutung der Sprache sogar noch angehoben, denn in Gerberts Traktat „De rationali et ratione uti" heißt es: „Numerus namque potestate infinitus est; sed cum dixeris quemlibet, actu finitus est. Et de tempore eadem ratio est. Tempus enim potestate infinitum est: sed cum dixeris diem, mensem, annum, vel aliud quodlibet, actu finitum est."[5]

So wie die Zahlenfolge unendlich ist, ist die Zeit demnach ewig, aber durch das Wort, mit welchem der Tag, der Monat und das Jahr benannt werden, wird die Wirklichkeit endlich. Das vom Menschen gesprochene zeitliche Wort hat bei Gerbert von Aurillac mithin eine ähnliche Funktion wie das göttliche ewige Wort erhalten, das nach der Bibel für die zeitlich gewordene Schöpfung ursächlich geworden ist. Das Wort des Menschen ist im Gegensatz dazu zeitlich, schafft nach Gerberts Vorstellung aber ebenfalls Zeitlichkeit und mithin Wirklichkeit. Für Abbo geht die Bedeutung der Sprache sogar noch darüber hinaus. Für ihn, der über wahr und falsch mit Hilfe der Syllogismen entscheiden und die Welt über Lehrsätze erschließen wollte, die die Natur auf einsehbare Weise nachahmen, hatte Gott der Sprache eine Form zugrunde gelegt, die zwar nicht ein Bild der Wirklichkeit ist, aber eine Wirklichkeit, die ein Bild der Überwirklichkeit ist. Eine Wirklichkeit, die er mit den Mitteln der Logik zu erahnen hoffte.

Von dieser Welt hinter der Welt, die für Abbo keine körperliche ist, wird nie gesagt, daß es der himmlische Ort ist, den die unsterblichen Seelen bewohnen werden. Seine diesbezüglichen Überlegungen lassen sich nur so rekonstruieren, daß diese

5 Gerbert, De rationali, Migne PL 139, Sp. 164A.

Welt aus Substanzen besteht, die unkörperlich[6] und deshalb auch nicht sichtbar oder teilbar[7], sondern nur einsehbar[8] sind.

Wie Abbo allerdings unter Verzicht der Teilbarkeit zu einem Minimum unterhalb dessen, was nichts ist, und darüber hinaus in einen für die Sinne unzugänglichen Raum[9] gelangen will, bleibt in seinen Schriften ungeklärt. Wahrscheinlich hat er sich, wie Gerbert, vorgestellt, daß Unendlichkeiten rein potentieller Natur sind, und übernimmt daher von Mamertus, daß das Unendliche von unkörperlicher Natur und die Masse der Welt endlich sein muß. Die Orte außerhalb der Welt können auf Grund der Endlichkeit der Welt auch nicht meßbar sein, weil dort die meßbaren Körper fehlen[10].

Diese Auffassung der Endlichkeit der gegenständlichen Welt und der Unendlichkeit der unkörperlichen Welt, ferner der potentiellen Unendlichkeit der Zeit und der tatsächlichen Begrenzung der Zeit verbindet vorhandene Gegensätze zu einer Harmonie, mit der ein Christ der Jahrtausendwende zu leben vermag.

---

6 Abbo, Reg. lat. 596 Bl. 23rb
„Omnis substantia visibilis est
Omne visibile corporeum est
Omnis ergo substantia corporea est
quod est impossibile vel ita."
Hier wird jedoch mit Hilfe der Syllogistik nur bewiesen, daß es unkörperliche Substanzen gibt.

7 Abbo, Reg. lat. 596 Bl. 23rb „Substantia vero intervallorum spatiis non angustatur nisi per corpus."

8 Abbo, Reg. lat. 596 Bl. 23va „Quapropter substantia non est corpus, quae in omnium rerum natura potius intelligitur, quod videtur."

9 Berlin Phill. 1833 Bl. 8vb; Bamberg 53 Bl. 9r; Claudianus, S. 112 Z. 14-21.

10 Ebd.; Claudianus, S. 112 Z. 14 – S. 113 Z. 11.

VII. Ein weiteres Vorbild für die Arbeiten Abbos: „Der Aachener Archetyp"

Der „Aachener Archetyp" wurde bereits von Fritz Saxl in einer Arbeit[1] zusammen- und vorgestellt, die identische Auszüge aus Beda- und Pliniustexten enthält.

Im Zusammenhang mit Abbo von Fleury ist der Inhalt dieses Archetyps von einigem Interesse, weil er außer den philosophischen Inhalten, für die Boethius Pate gestanden haben könnte, und außer den Calcidius-Diagrammen alle Themen anspricht, die auch in MS Berlin Phill.1833 angesprochen worden sind und dort zum Teil weiterentwickelt wurden. Weiterhin sind zahlreiche Manuskripte der Handschriftengruppe, die von dem Archetyp abstammen, in den Kapiteln III – VI mit Diagrammen zu Pliniusexzerpten versehen, welche sich ebenfalls in MS Berlin Phill. 1833 wiederfinden.

Der Archetyp enthält vorwiegend Exzerpte zur Komputistik, die, wenn es sich thematisch ergibt, mit Exzerpten zur Astronomie oder aus der Hagiographie ergänzt werden. Aus dem bei Saxl vollständig abgedruckten Inhaltsverzeichnis des Archetyps sollen im folgenden nur diejenigen Kapitel aufgelistet werden, die abgesehen von den komputistischen Auszügen thematische Berührungspunkte mit Abbos Arbeiten bieten. Da eine genaue Übereinstimmung des komputistischen In-

1 F. Saxl, Verzeichnis astrologischer und mythologischer illustrierter Handschriften des lateinischen Mittelalters in römischen Bibliotheken, in: Sitzungsberichte der Heidelberger Akademie der Wissenschaften, Phil.-hist. Klasse 1915, Abh. 6.7., S. 60-75. Vgl. auch W. Koehler, Die karolingischen Miniaturen, 3.Band 2.Teil, Metzer Handschriften, Berlin 1960, S. 119. In meiner Dissertation bin ich noch davon ausgegangen, daß das Vorbild für die karolingische Enzyklopedie in einer Metzer Handschrift zu finden sei. Arno Borst hat mich jedoch darauf aufmerksam gemacht, daß der Archetyp in Aachen 809 geschrieben worden ist.

halts des Archetyps mit Abbos allgemeinen komputistischen Regeln, angesichts der weiten Verbreitung allgemeiner komputistischer Regeln, nicht nachweisbar ist, sollen diese unberücksichtigt bleiben.

Zum Inhalt des Archetyps:

Liber I Kapitel III: Martyrologium per duodecim menses, wird in München Clm 210 zu Matryrologium excarpsatum cum alphabetis ad lunam inveniendem[2]. Diese Tabelle wäre also schon 809 nachgewiesen und somit karolingisch.

Liber II Kapitel XX: Item ex calculo ad lunam inveniendam secundum Victorium. Dieses Kapitel verweist auf die Verbindung des „Calculus“ des Victorius mit komputistischen Inhalten, die schon allein durch die Ostertafeln des Victorius gegeben war.

Liber III Kapitel III: Quot atomos habeat annus vel partes eius. Im Archetyp sind die Atome die einzige Einheit unterhalb des Monats, die eine gesonderte Erläuterung erfahren. Dieser Schwerpunkt wurde von Abbo jedoch signifikanterweise nicht aufgegriffen, denn trotz seiner Bemühungen um die Teilbarkeit der Zeit ist Abbo, im Gegensatz zu dem ihm nachfolgenden Hermann, nicht an den kleinsten Einheiten, sondern nur an den großen Zyklen interessiert.

Liber IIII Kapitel VI: Argumentum quot pates luna distet a sole. Dieses Kapitel ist für die Komputistik insofern von Interesse, als die Distanz von Sonne und Mond am Ende des 19jährigen Zyklus für den Mondsprung relevant ist. Es ver-

---

2 K. Rück, Auszüge aus der Naturgeschichte des C. Plinius Secundus in einem astronomisch-komputistischen Sammelwerke des achten Jahrhunderts, Programm des königlichen Ludwig-Gymnasiums, München 1887/1888, S. 6 gibt an, daß die Tabelle in Migne Pl 90 Sp. 730 abgedruckt sei. Diese Angabe läßt sich so jedoch nicht verifizieren.

weist letztlich aber auf Überlegungen zu Planetenstellungen und Planetenbewegungen.

Liber V Kapitel I: Excerptum de astrologia. Aratea des Hyginus. Abbo selbst hat ebenfalls Exzerpte aus den Aratea angefertigt und Kommentare hinzugefügt[3].

Liber V Kapitel:	III-IV:	Pliniusexzerpte mit und ohne Diagramme[4]
	III:	De positione et cursu septem planetarum
	IIII:	De intervallis earum
	V:	De absidibus earum
	VI:	De cursu earum per zodiacum circulum.

Die Diagramme, die in karolingischen Handschriften zu diesen Kapiteln überliefert sind, wurden von Abbo in die Handschrift Berlin Phill.1833 übernommen.

Liber VI Kapitel I: De ratione unciarum

Liber VI Kapitel III: De mensura caerae et metalli in operibus fusilibus. Auch Abbo hat sich ausführlich mit Maß und Gewicht, wie dargelegt, beschäftigt, die praktische Seite, die hier vor allen Dingen angesprochen ist, aber nicht berücksichtigt[5].

Liber VI Kapitel IV: Ambrosii Macrobii Theodosii de mensura et magnitudine terrae et circuli per quem solis iter est

Liber VI Kapitel V: Item eiusdem de mensura et magnitudine solis

---

3 Vgl. Van de Vyver, Oeuvres inédites, S. 140f.

4 Vgl. die Auflistung der Handschriften mit Plinius-Diagrammen im folgenden.

5 Vgl. zu Liber VI Kapitel I und III Edition Rose, in: Vitruvius, De Architectura, Libri Decem, hrsg. v. V. Rose, Berlin 1899.

Liber VI Kapitel VI: Felicis Capellae de mensura lunae

Liber VI Kapitel VII: Eiusdem argumentum quo magnitudo terra deprehensa est. Das Kapitel des V. Buches betrifft Themen, die mit Komputistik direkt nichts zu tun haben, sondern wiederum auf Planetentheorien verweisen, für die die Calcidius-Abbildungen, die Abbo ebenfalls in seine Handschrift übernommen hat, eine ideale Veranschaulichung gewesen sein müssen.

Handschriftengruppen:

Der Archetyp wurde am Aachener Karlshof mit großer Wahrscheinlichkeit 809[6] oder unwahrscheinlicher 812[7] zusammengestellt. Es handelt sich also um eine frühkarolingische Textsammlung, von der die früheste Überlieferung ungefähr von 840 stammt und in Metz geschrieben wurde[8].

- Madrid Bibl. Nat. Cod.3307
- Vatican Vat. lat.645 (9. Jh., St. Quentin)[9]
- Vatican Reg. lat.309 (2. Viertel des 9. Jh., Saint Denis; der Rest z. gr. Teil 13. Jh.)[10]
- Bibl. Capitolore Monza Cod. f.9.176 (2. Viertel des 9. Jh., evtl. aus Lorsch).

Alle vier Handschriften bilden nach Koehler[11] eine Handschriftengruppe, der McGurk[12] die folgende hinzufügt:

- London Harl. 647 (um 830, Lothringen)[13],

und die Saxl mit folgenden Handschriften weiter ergänzt hat[14]:

6 Angabe: W. Koehler, S. 119.

7 Angabe: Neuss, zitiert bei Koehler, S. 121.

8 O. Homburger, Die illustrierten Handschriften der Burgerbibliothek Bern, Bern 1962, S. 134-136.

9 Saxl, S. 71.

10 Saxl, S. 60.

11 Koehler, S. 121.

12 P.M. McGurk, Catalogue of Illuminated Astrological and Mythological Manuscripts of the Latin Middle Ages, Vol.IV. Astrological Manuscripts in Italian Libraries (other than Rome), London 1966, S. XVII und XVIII.

13 Vgl. van de Vyver, Oeuvres inédites, S. 142f.

14 Saxl, S. 59.

- Cod. lat. München 210 (809, Regensburg)[15]
- Vatican Cod. lat. 643 (12. Jh.)[16].

Rück[17] hat in Verbindung mit Cod. lat. München 210 wieder eine andere Gruppe, nämlich die folgende, erstellt:

- Cod. lat. Vindobonensis 387 (um 818, Salzburg)[18]
- Cod. Montepessulanus H334 (Mitte des 9. Jh., Troyes)[19]
- Paris BN Cod. lat. 8663 (11. oder 10. Jh.)[20]
- Paris BN Cod. lat. 12117 (11. Jh.)[21].

Auf diese Gruppe läßt Rück eine zweite Gruppe folgen, die im Gegensatz zur ersten astronomische Zeichnungen zu den Pliniusexzerpten enthält:

- Bern Cod. lat. 347 (9. Jh. 2. Hälfte), der vielleicht in Fleury vorhanden war[22], steht dem Archetyp, der der ersten Gruppe zugrunde liegt, am nächsten[23]:
- Cod. lat. Monacensis 6364 (11. Jh.)[24]

15 Rück, S. 5. Die Handschrift ist eventuell früher als Madrid Bibl. Nat. Cod. 3307 enstanden; die Abhängigkeit vom Archetyp ist aber ungeklärt.

16 Saxl, S. 70.

17 Rück, S. 26.

18 Rück, S. 13.

19 Rück, S. 20.

20 Rück, S. 22 und Mostert, Library BF 1155; der Codex kommt sicher aus Fleury.

21 Rück, S. 24 gibt diese zeitliche Einordnung. Der Codex muß als Vorlage eine Fassung von Abbos komputistischer Tabellensammlung gehabt haben, die offensichtlich jüngeren Ursprungs als die von Berlin Phill.1833 ist. Denn an Stelle von römischen Zahlen werden noch vielfach griechische verwendet.

22 Mostert, Library BF 163, gibt Fleury oder Auxerre an.

23 Rück, S. 28, datiert den Codex jedoch erst in das 10. Jh.; Mostert, Library BF 163 datiert ihn in das 9. Jh.

24 B. Eastwood, MSS Madrid 9605 and Munich 6364 and the Evolution of two Plinian Astronomical Diagramms in the Tenth Century, in: Dynamis. Acta Hispanica 3 (1983), S. 265-280, hier S. 266, datiert diese Handschrift jedoch bereits in das 10. Jh. Diese Handschrift enthält sowohl die runde als auch die rechteckige Form der Darstellung der Planetenläufe, die Eastwood für eine süddeutsche oder schweizer Erfindung hält. Auf S. 267 Fn. 16 und S. 268 zählt er noch weitere Handschriften auf, die diese Art der Planetendarstellung enthalten.

– Cod. lat. Monacensis 14436 (10. oder 11. Jh., Regensburg)[25]
– Cod. lat. Monacensis 6362 (11. Jh., Freising)[26]
– Bern Cod. lat. 265 (11. Jh.)[27].

Die von Harriet Pratt Lattin[28] genannten Handschriften gehören zwar auch zu der genannten Handschriftengruppe, und zwei davon stammen mit Sicherheit aus Fleury, sie enthalten jedoch nicht, wie Pratt Lattin angenommen hat, alle den „Graphen", denn dieser läßt sich zumindest in den zwei Fleuryhandschriften, die ich überprüfen konnte, nicht finden[29]. Es handelt sich um die Handschriften:

– Paris BN n.a. 1615 (Libri 90) (9. Jh.)[30] und
– Paris BN 5543 (ca. 847)[31].

Der Archetyp, der allen Handschriften zugrunde liegt, kam nach Jones[32] wohl Ende des 8. Jahrhunderts von England auf den Kontinent. Es dürfte Abbo selbst gewesen sein, der den Engländern die Kenntnis dieser Materie bei Gelegenheit seines Englandaufenthaltes von 985 bis 987 in Ramsey wieder zurückgebracht hat, wie London Harl. 647 und Harl. 2506 zeigen, sowie eine Handschrift aus dem 12. Jahrhundert, die die Exzerpte aus der genannten Handschriftengruppe mit Arbeiten Abbos in Verbindung bringt[33].

---

25 S. Günther, Die Anfänge und Entwicklungsstadien des Coordinatenprinzips, in: Abhandlungen der naturhistorischen Gesellschaft zu Nürnberg, Bd. 6 (1877), S. 3-50, hier S. 19.

26 Rück, S. 16.

27 Rück, S. 19.

28 H. Pratt Lattin, The Eleventh Century MS Munich 14436. Its Contribution to the History of Coordinates, of Logic, of German Studies in France, in: Isis 38 (1948), S. 215-222, hier S. 217.

29 Vgl. zum Graphen das Kapitel Plinius-Diagramme im folgenden.

30 Mostert, Library BF 1258.

31 Mostert, Library BF 1059.

32 Ch. W. Jones, Bedae Pseudepigrapha. Scientific Writings Falsely Attributed to Bede, Ithaca/New York 1939, S. 31, 73 und Bedae Opera de temporibus, Cambridge Mass. 1943, S. 370 Fn. 6.

33 MS Walters 73; vgl. H. Bober, An Illustrated Medieval School-Book, S. 89-97. Außer in England ist Abbo im 15. Jahrhundert auch in Italien rezipiert worden. Vgl. El Escorial Real Biblioteca de San Lorenzo MS. C IV. 10 Bl. 204r-219v, dort sind die Exzerpte von Berlin Phill. 1833 Bl.

Die Auflistung der Handschriftengruppen zeigt, daß allein in Fleury zu Abbos Zeiten drei Handschriften vorhanden waren, davon eventuell eine, die dem Archetyp sehr nahe gewesen ist und bei der zusätzlich eine astronomische Figur zum ersten Mal nachweisbar ist, die Abbo zu seinen Plinius-Diagrammen aufgenommen hat[34]. Diese Figur wird in der Forschung[35], die sich schon lange mit ihr beschäftigt, der Graph genannt, obwohl es sich nicht um einen solchen handelt. Er soll im folgenden Kapitel eingehend besprochen werden.

Es hat sich ferner gezeigt, daß es sich bei der Textsammlung um eine karolingische Materialsammlung handelt. Interessant ist dies, weil der philosophische Einfluß auf Abbo sich vorwiegend in der antiken, neuplatonischen Tradition finden läßt und auch die von Abbo übernommenen Calcidius-Diagramme aus dieser Tradition stammen.

Diese Besinnung auf antikes Begründungsdenken, für die die Übersetzung des Timaios durch Calcidius ein wichtiger Stimulus gewesen ist[36], wurde mit Schriften verbunden, die die Liebe zur mittelalterlichen Anschauung besonders betonen, d. h., die antiken Prinzipien wurden besonders gerne mit geometrischen Figuren und Zahlentabellen illustriert, deren Ursprung entweder spätantik oder frühmittelalterlich ist.

15ra-21rb enthalten. Den Hinweis auf diese Handschrift verdanke ich Arno Borst.

34 Es handelt sich um die Handschrift Bern Cod. lat. 347 Bl. 24v. Die Handschrift stammt aus der zweiten Hälfte des 9. Jh., ob sie aus Fleury stammt ist noch unsicher (Mostert, Library BF 163).

35 Günther, S. 24-26; Pratt Lattin, S. 216-220.

36 Auch R. Klibansky sieht die Bedeutung der Timaiosübersetzung in dem Einfluß und dem Anreiz zur rationalen Begründung, den sie auf den frühmittelalterlichen Gelehrten gehabt hat. Vgl. R. Klibansky, The Continuity of the Platonic Tradition. Platon's Parmenides in the Middle Ages, Millwood/London/Nendeln 1982, Repr., S. 74f.

VIII. Abbos Rezeption astronomischer Diagramme

1. Die Plinius-Diagramme

Die Plinius-Diagramme in MS Berlin Phill. 1833 befinden sich alle drei auf Blatt 38r, in der zweiten und dritten Reihe.

Die erste Figur in der zweiten Reihe „De apsidibus planetarum" ist die einzige der drei Plinius-Diagrammen, die annähernd korrekt wiedergegeben worden ist. Abbildungen dieser Form des Apsiden-Diagramms finden sich unter anderem in: Bern 347 Bl. 24r, Madrid 3307 Bl. 65v und Paris BN Cod. lat 2164 Bl. 160v, gedruckt in: Migne PL 90 Sp. 227/228 und Hervagius S. 23. Nach einer Einteilung von Eastwood würde das Apsiden-Diagramm aus MS Berlin Phill. 1833 eine frühe Ausgabe dieses Diagramms zum Vorbild haben, da in den frühen Varianten alle 12 Segmente des Zodiakos beschriftet worden sind und nicht wie später nur diejenigen, in denen Apsiden auftreten[1].

Als gesichert gilt, daß der Inhalt der Apsiden-Diagramme zeigen soll, in welchem Zeichen des Zodiakos ein Planet am weitesten von der Erde entfernt ist. Ob mit den Zacken, wie sie auch die Berliner Handschrift aufweist, darüber hinaus auch gezeigt werden soll, daß sich die Planeten nicht alle in die gleiche Richtung bewegen[2], bezweifle ich, da jede der äußeren fünf Planetenbahnen einen Zacken in beide möglichen Richtun-

---

1 Eastwood, MSS Madrid 9605, Munich 6364, S. 267-268; zu weiteren Apsidendiagrammen: ders., Characteristics of the Plinian Astronomical Diagramms in a Bodleian Palimpsest, MS D'Orville 95, in: Sudhoffs Archiv 67 (1983), S. 2-12, hier S. 2-8.

2 B. Eastwood, Plinian Astronomical Diagrams in the Early Middle Ages, in: Mathematics and its Applications to Science and Natural Philosophy in the Middle Ages. Essays in Honor of Marshall Clagett, Cambridge 1987, S. 141-172, hier S. 155.

gen aufweist, um den höchsten und tiefsten Punkt der Entfernung anzugeben.

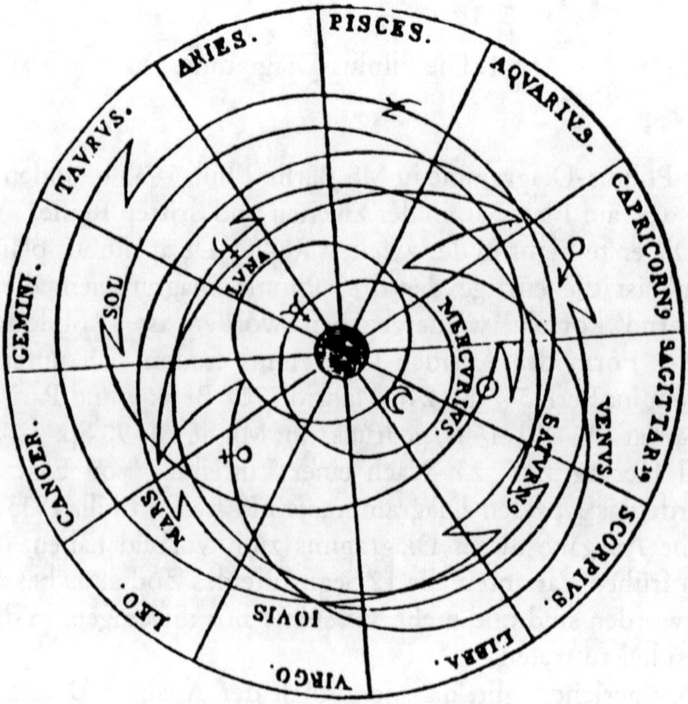

Migne PL 90, Sp. 227-228

Abbo schreibt selbst, warum ihm die Betrachtung der Apsiden wichtig erscheint. Er hatte bei Macrobius gelesen, daß die Apsiden diejenigen Orte sind, an denen Gott bei der Schöpfung die Planeten installiert hat[3]. Sie bilden mithin jene Marke, an der man ablesen kann, ob die Planeten ihre Ausgangsposition wieder vollständig erreicht haben und ob das platonische vollkommene Jahr[4] durchlaufen wurde oder

3 Cambridge Trinity College 945 „Sententia Abbonis de differentia circuli et sperae" Bl. 3r-6v, hier Bl. 4r „Apsides autem dicimus loca ubi in principio conditae sunt planetae."

4 Hierzu: B. L. van der Waerden, Das grosse Jahr und die ewige Wiederkehr, in: Hermes 80 (1952), S. 129-155, hier S. 129-133.

nicht – sie sind also eine Verkörperung von Anfang und Ende in der Welt, ein Abbild dieser göttlichen Eigenschaft und außerdem die Uhr mit der längsten ablesbaren Umlaufperiode.

Die zweite Figur in der zweiten Reihe auf Bl. 38r ist ebenso wie das dritte Plinius-Diagramm in der dritten Reihe eine Beschäftigung mit Planetenlatitüden. Abbos Berliner Manuskript enthält nämlich beide existierende Formen, sowohl die Kreisform als auch die spätere rechteckige Koordinatenform, die mit dem Terminus Graph schon mehrfach angesprochen wurde.

Beide Diagramme stellen eine Illustration zu einer Textpassage in der Kosmologie des Plinius dar[5], in welcher aufgezählt wird, welche Höhe welcher Planet in dem zwölf Abschnitte umfassenden Zodiakos einnimmt. Der Lauf der Venus überschreitet den Zodiakos in der Breite um etwa einen Abschnitt, je einmal nach unten und oben, während der Mond ihn genau in seiner ganzen Breite durchmißt. Über die Mitte des Zodiakos weichen der Merkur um acht, Mars um vier und Saturn um zwei Abschnitte ab, während die Sonne eine Sonderstellung einnimmt, denn von ihr wird gesagt, daß sie entlang der Mitte eine Schlangenlinie durchläuft.

Diese Schlangenlinie der Sonne ist in der runden Form der Planetenlatitüden in MS Berlin Phill. 1833, anders als in Bern 347, Madrid Bibl. Nac. 3307 oder Paris BN Cod. lat. 2164, nicht wiedergegeben; sie findet sich lediglich in der rechteckigen Form wieder. Die Berliner runde Form ist auch insofern unvollständig, als keine der Planetenbahnen, außer der des Mondes, beschriftet wurde.

Wie sich Abbo das Überschreiten des Zodiakos durch die Bahn der Venus vorgestellt hat, ist nicht ersichtlich. Er vermeidet, genau wie andere mittelalterliche Autoren bis hin zu Ko-

5 Vgl. hierzu C. Plinius Secundus d.Ä., Naturkunde Bd. II, Kosmologie, hrsg. v. R. König zs. mit G. Winkler, München 1974, §§ 66-67; Rück, S. 41; und Günther, S. 20-21; sowie J. E. Murdoch, The Album of Science. Antiquity and the Middle Ages, New York 1984, Nr. 249, S. 284-285 und Nr. 250, S. 286-287.

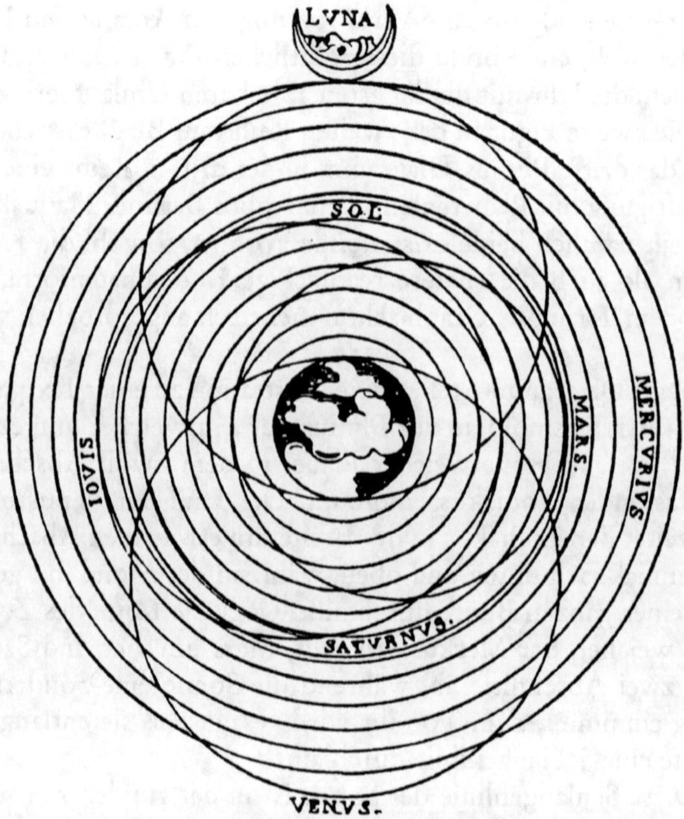

Migne PL 90, Sp. 229-230

pernikus, das Problem der Beschaffenheit der Himmelssphären[6], spricht die Thematik „Himmelssphären" aber unter Verwendung der boethianischen Kreiszahlen[7] in einer interessanten Analogie von Arithmetik und Geometrie an. Der Kreis wird als zweidimensionales Gebilde in der Ebene beschrieben, dem von der Form der Arithmetik 5 x 5 entsprechen würde

6 Vgl. E. Grant, Celestical Orbs in the Latin Middle Ages, in: Isis 78 (1978), S. 153-173, hier S. 161. Grants Untersuchung betrifft allerdings nur den Zeitraum von 1200 bis 1687.

7 Boethius, De Institutione Arithmetica, hrsg. v. G. Friedlein, Leipzig 1867, Kap. XXX, S. 121-122.

und der Dreidimensionalität der Sphäre 5 x 5 x 5. Über die Beschaffenheit der Sphäre wird, wie bereits erwähnt, nichts ausgesagt. Über die Beschaffenheit des Körpers, in dem sie sich befindet, heißt es jedoch, daß eine feste Kugel die Grenze des Universums ist[8].

Das Interessante an der runden Latitüdenform ist die Abweichung der Zeichnung von den Angaben des Pliniustextes, die der Abweichung von Abbos Text in der „Sententia Abbonis" ähnelt. Wenn man die linke Seite als die maßgebliche Breite für die Zodiakoslatitüden ansieht, kann man für die Planeten unter Auslassung von Venus und Mond die Höhen 2, 5, 6, 8 ablesen. Im Sententia-Text, in dem Abbo zusätzlich zu den Planetenlatitüden die Längenentfernungen von der Sonne angibt[9], finden sich die folgenden abweichenden Angaben: Sonne und Saturn verlaufen beide in der Mitte des Zodiakos, Merkur durchläuft 8 Abschnitte und Mars und Jupiter durchlaufen je 5[10].

Der Zeichner konnte nicht zweimal denselben Kreis mit 5 Abständen im Zodiakos malen. Das könnte erklären, warum im Text, anders als in der Zeichnung 2 x 5 Abschnitte durchlaufen werden. Es erklärt aber noch nicht, wie die Höhe 2 zustandekommt. Die Lesart auf der rechten Seite des Diagramms ergibt mit den Abständen 5, 8, 9, 11 allerdings noch weniger Sinn.

---

8 Cambridge Trinity College 945 Bl. 3r „Studiosis astrologiae primo sciendum est per geometricam, quid distat inter circulum et speram. Circulus siquidem est in plano, quasi circini circumductio, ut quinquies quini XXV. Spera vero rotunda in solido corpore sicut pilota, ut quinquies quini quinquies CXXV. Et sunt circuli in spera dum spera non possit esse in circulo."

9 Dazu: B. Eastwood, Plinian Astronomy in the Middle Ages and the Renaissance, in: Science in the Early Roman Empire: Pliny the Elder, his Sources and Influence, hrsg. v. R. French and F. Greenaway, London 1986, S. 197-251, hier S. 209-211 zu Abbo von Fleury.

10 Cambridge Trinity College 945 Bl. 3v „Sol vero saturno medias duas tenet omnino. Mercurius VIII circuit, qui numquam a sole plus XXXII partibus poterit elongare. Mars V, qui ex utroque, solis latere distat CXC parte. Juppiter quoque tenet V."

Angemerkt sei noch, daß Abbo das Diagramm der runden Form der Planetenlatitüden nicht mit dem für die Apsiden in Verbindung setzt, was an sich nahegelegen hätte.

Die Angaben in der Zeichnung der rechteckigen Latitüdenform im Codex Berlin Phill. 1833 stimmen ebenfalls nicht mit denen in Abbos Text überein; die Zeichnung, welche sich in dem Cambridge Manuscript befindet, kommt an diesen näher heran. In diesem Diagramm sind Sonne und Saturn durch eine gemeinsame Linie in der Mitte des Zodiakos eingezeichnet; Merkur beginnt etwa bei Abschnitt 9, Jupiter bei 4 und Mars bei 5. Interessant an der letzten Latitüdenzeichnung ist die Beschriftung. Die Breite wird an der Seite ausdrücklich mit 12 Teilen und die Länge an der untersten Linie mit 365 Teilen angegeben, obwohl die Zeichnung für 12 x 12 angelegt ist[11].

In keinem der drei Latitüdendiagrammen wurde der Verlauf der Sonne gesondert eingezeichnet. Dies ist insofern auffällig, als das in den runden Latitüdendiagrammen Bern 347 und Madrid 3307 noch der Fall gewesen ist. In diesen Manuskripten war die Sonnenbahn als einzige noch getreu dem Pliniustext in Form einer Schlangenlinie wiedergegeben worden, was verrät, welche verschiedenen Traditionen in der Darstellung der Planetenbewegungen im sogenannten Graphen verbunden sein könnten.

Die Theorie, nach der die Sonne nicht in der Ebene der Ekliptik bleibt, sondern eine Schlangenlinie beschreibt, ist allem Anschein nach eine spätgriechische Theorie, die von Theon von Smyrna, Plinius und Martianus Capella dokumentiert wurde[12],während die Darstellung des täglichen Mondverlaufs in babylonischen Texten als Zackenfunktion wiedergegeben wurde[13]. Im Verlauf der Spätantike oder im frühen Mittel-

11 Auf 12x30 wurde der Graph in dem MS Zürich ZB, Cod. Car. C176 Bl. 193v, angelegt. Dieser Codex stammt aus der 2. Hälfte des 11. Jh. aus St. Gallen. Alle Planetenverlaüfe sind zackenförmig wiedergegeben. Diesen Hinweis verdanke ich Arno Borst.

12 Vgl. B. L. van der Waerden, Die Astronomie der Griechen. Eine Einführung, Darmstadt 1988, S. 12.

13 Ebd., S. 199; van der Waerden hat sich nicht mit mittelalterlichen Dia-

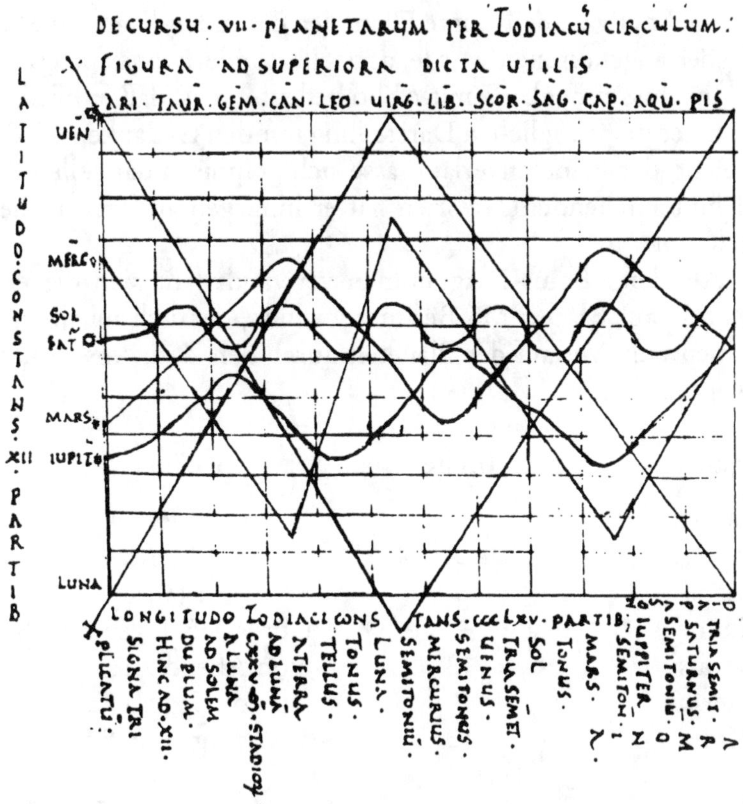

Cambridge Trinity College 945 Bl. 4v

alter muß diese Zackenfunktion auf die übrigen Planeten übertragen worden sein, während der schlangenartige Verlauf der Sonne (der ursprünglich auch für den Mond angenommen worden war, was von Plinius aber nicht tradiert worden ist) beibehalten wurde.

Es wäre daher durchaus denkbar, daß die runde Latitüdenform, die die Zackenfunktion nicht dokumentiert, entweder unabhängig von der rechteckigen entwickelt wurde, oder daß

grammen beschäftigt, Eastwood wiederum nicht mit antiken, wodurch beiden diese mögliche Verbindung entgangen ist.

sie nicht etwa eine frühere Form der Latitüdendiagramme, wie bisher angenommen wurde, darstellt, sondern eine spätere.

Im Zusammenhang mit Abbo bedeutet dies, daß er hinsichtlich der ursprünglichen Darstellung nur den Gedanken wiederbelebt, der Planetenverlauf lasse sich graphisch darstellen. Die dahinterstehenden Theorien hat er hingegen auch nicht mehr gekannt.

Als den Plinius-Diagrammen verwandt läßt sich die erste Rotula auf Bl. 36r MS Berlin zuordnen, da auch mit ihr Angaben zum Verlauf der Planeten durch den Zodiakos gemacht werden.

Planeten	Breite	Länge
Saturn	3	30 Jahre
Jupiter	5	12 Jahre
Mars	5	2 Jahre
Sonne	1	1 Jahr = 365 Tage und 6 St.
Venus	12	von Abend zu Abend
Merkur	8	von Tag zu Tag
Mond	12	28 Tage und 8 St.

Diese Rotula findet sich auch in Vat. Urb. lat. 290 Bl. 8v und gedruckt in Migne PL 90 Sp. 213/214, wo für die Länge des Mondes allerdings eine Zeitangabe von 28 Tagen 7 Stunden, und 12 portiunculi (etwa 6 Minuten) gemacht wird, die bei Abbo nicht von ungefähr nicht wiedergegeben wird: er ist mehr an den großen Zeitläufen, als an kleinen Einheiten interessiert.

2. Die Calcidius-Diagramme

In der vorliegenden Arbeit wurden die Diagramme entsprechend der Forschung in Calcidius- und Plinius-Diagramme eingeteilt. Bedenkt man jedoch, daß sich in der Berliner Handschrift des weiteren Darstellungen finden, die auf Isidor und Macrobius beruhen, dann kann man sich des Eindrucks nicht erwehren, daß Abbo alle Zeichnungen zu Planetenbewegungen, ferner Erddarstellungen und sonstige naturkundliche Veranschaulichungen theorieunabhängig gesammelt hat. Dem mag so gewesen sein. In jedem Fall hat Abbo jedoch bei der Zusammenstellung der Plinius- und Calcidius-Diagramme eine sehr glückliche Hand bewiesen, denn nach neuerer Forschung[14] sollen diese auf einer gemeinsamen Quelle beruhen.

Zunächst muß aber geklärt werden, ob Calcidius mit seinen Darstellungen zur Planetentheorie einer von van der Waerden so genannten „einfachen Epizykeltheorie" gefolgt ist, und ob sich diese, wenn dem so wäre, auch in der Abbo-Handschrift wiederfinden läßt.

Die Epizykeltheorie ist formuliert worden, um die unregelmäßigen Bewegungen von Venus und Merkur um die Sonne zu erklären. Heraklids[15] Voraussetzung, nach welcher beide Planeten eine Kreisbewegung um die Sonne vollziehen mußten, ließ sich schlecht mit der Beobachtung in Übereinstimmung bringen, nach welcher Venus und Merkur einmal mit der Sonne in ein und dieselbe Richtung laufend beobachtet werden konnten und dann wieder gegen deren Lauf.

Diese Unregelmäßigkeit sollte mit Hilfe der Epizykeltheorie erklärt werden. Bezüglich der Planeten Mars, Jupiter, Saturn, Venus und Merkur wurde angenommen, daß sie in einem großen Kreis, dem Deferenten, um die Erde als seinem Mittelpunkt, laufen; auf dem Referenten sollte ein kleinerer Kreis, der Epizykel, umlaufen[16].

---

14 B. van der Waerden, The Motion of Venus, Mercury and the Sun in Early Greek Astronomie, in: Archive for History of Exact Sciences, 26 (1982), S. 99-113, hier S. 107-109.

15 Vgl. J.Mittelstraß, Artikel ‚Herakleides Pontikos', in: Enzyklopädie Philosophie und Wissenschaftstheorie, Bd. 2, hrsg. v. J.Mittelstraß, Mannheim/Wien/Zürich 1984, S. 77-78.

16 Vgl. J.Mittelstraß, Artikel ‚Ptolemäisch, Ptolemäisches Weltsystem', in: Historisches Wörterbuch der Philosophie, Bd. 7, hrsg. v. J.Ritter und K.Gründer, Basel/Stuttgart 1989, Sp. 1708-1710.

Für Mars, Jupiter und Saturn sollte der Mittelpunkt des Epizykels ein Punkt im Raum sein, während diese Stelle bei Venus und Merkur von der Sonne eingenommen werden sollte. Für das Verhältnis der Radien von Epizykel und Deferent zueinander wurde eine bestimmte Weise der Berechnung angenommen, die im folgenden noch zu erklären sein wird.

Um die Interpretation der Calcidius-Diagramme bezüglich der Epizykeltheorie hat sich in den letzten Jahren eine lebhafte Diskussion entwickelt, zu der die Abbo-Handschrift nur insofern etwas beitragen kann, als ihre Einordnung in die durch die Diskussion herausgearbeiteten Interpretationsmöglichkeiten eindeutig ist. Es handelt sich um die Diagramme von Berlin Phill. 1833 Bl. 36v, 1. Reihe 2. Figur und 2. Reihe 1. Figur, sowie um die 2. und 3. Figur der 1. Reihe auf Bl. 38r.

Van der Waerden hat drei Typen von Zeichnungen aus zahlreichen Illustrationen zu Calcidius-Handschriften zusammengestellt, um zu zeigen, daß Typus I und II älter sind als der Calcidiustext, der Typus III jedoch eine unvollständige Abbildung derjenigen Theorie darstellt, der seine Interpretation am nächsten kommt[17]. MS Berlin Phill. 1833 enthält alle drei Typen und damit, wie darzulegen sein wird, nicht unbedingt einen Widerspruch.

Streit herrscht darüber, ob erstens die Textstellen zur Venusbewegung bei Calcidius, einschließlich der dazugehörigen Diagramme, eine geozentrische Theorie wiedergeben, wie die meisten Kommentatoren[18], behaupten, oder zweitens eine heliozentrische, wie van der Waerden annimmt[19] und ob Calci-

---

17 B. L. van der Waerden, Die Astronomie der Griechen, S. 113-118; sowie ders., The Motion of Venus, Mercury and the Sun in Early Greek Astronomy, S. 102-105.

18 Vgl. in erster Linie W. Saltzer, Zum Problem der inneren Planeten in der vorptolemäischen Theorie, in: Sudhoffs Archiv 54 (1970), S. 139-170, hier S. 155-160, und A. Pannekoek, A History of Astronomy, New York 1961, S. 137; sowie O. Neugebauer, On the Allegedly Heliocentric Theory of Venus by Heraclides Ponticus, in: American Journal of Philology 93 (1972), S. 600-601.

19 Van der Waerden, Die Astronomie der Griechen, S. 114-115.

dius drittens für die Darstellung ein epizyklisches Modell benutzt hat oder nicht[20].

Neugebauer meint zwar, daß diese Frage völlig belanglos sei, weil Calcidius immerhin 400 Jahre, nachdem Apollonius die Epizykeltheorie eingeführt hat, lebte. Mit derselben Berechtigung kann man aber zu bedenken geben, daß nur das interessant ist, was dem Abendland zuerst übermittelt worden ist, und dieses müßten dann Calcidius Zeichnungen und Bemühungen um die Planetentheorie sein.

Um das Ergebnis der umständlichen Quellenanalyse, die folgen wird, gleich vorwegzunehmen, sei gesagt, daß es sich bei der Darstellung in der Abbo-Handschrift um ein geozentrisches Modell handelt, in dem die Sonnenumlaufbahn einen Epizykel aufweist.

Die Abbildung ohne den gestrichelten Kreis, der die Erde zum Mittelpunkt hat und den gemeinsamen Deferenten für die Epizykel von Sonne und Venus darstellt, entspricht MS Berlin Phill. 1833 Bl. 38r 1. Reihe 2. Figur[21]. (vgl. Abbildung S. 86)

Die Ergänzung durch den gestrichelten Kreis stellt bereits eine Interpretation dar, die sich an Pannekoek und Saltzer anschließt und besagt, daß es sich bei den Calcidius-Diagrammen um Abbildungen zur Epizykelbewegung von Sonne und Venus handelt und nicht um die heliozentrische Darstellung, wie sie von van der Waerden rekonstruiert wurde. (vgl. Abbildung S. 87)

In Hinblick auf den Calcidius-Kommentar sind wohl beide Interpretationen möglich, in Abbos Handschrift jedoch nicht. In letzterem Fall kommt nur ein geozentrisches Verständnis in Frage, weshalb die Rekonstruktion zu Typ I, wie sie zuerst vorgestellt wurde, die einzig mögliche sein dürfte. Für diese Interpretation spricht außerdem die ganz allgemein gehaltene Darstellung der Epizykeltheorie bei Calcidius (bei Abbo MS Berlin Phill. 1833 Bl. 36v 2. Reihe 1. Figur [22]).

---

20 Vgl. Saltzer, S. 155-156.

21 Calcidius-Kommentar, S. 158.

22 So auch Vat. Urb. lat. 290 Bl. 62v 2. Reihe 1.Figur, gedruckt in: Calcidius-

Die Typen I – III bei van der Waerden und ihre Pendants bei Abbo von Fleury

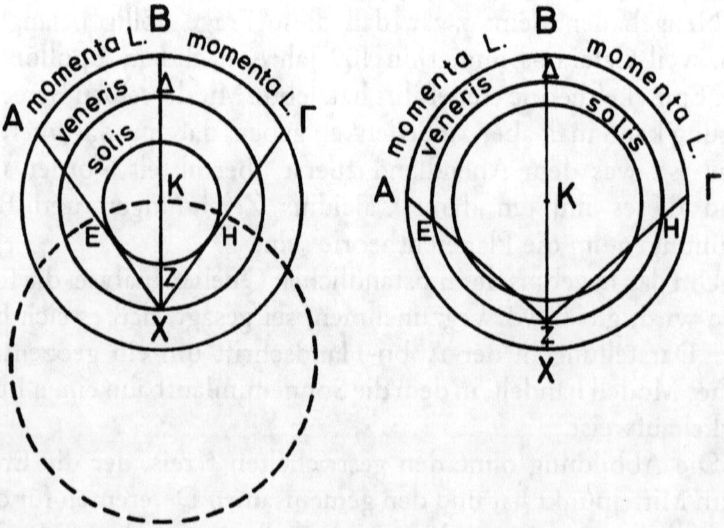

links: van der Waerden, Die Astronomie, S. 115
rechts: Migne PL 90, Sp. 225

Auch hier (vgl. Abbildung S. 88) kann es sich nur um eine Epizykeldarstellung handeln, wenn der größere Kreis in der zweiten Zeichnung als Deferent ergänzt wird. In der Handschrift findet sich auch ein Hinweis darauf, daß ΑΒΓΔ den Zodiakoskreis darstellt, Θ im Mittelpunkt die Erde und EZH den Epizykel. Da der Epizykel jedoch einen Deferenten haben muß, auf dem er sich von Ost nach West bewegt, kann nur der rote Kreis der Deferent sein.

Ob sich die Erde oder der Zodiakos drehen, bleibt allerdings offen, wenn es heißt, man könne einen Stern Z genau

Kommentar, S. 136; Migne PL 90, Sp. 220; O. Neugebauer, A History of Ancient Mathematical Astronomy Part III, Berlin/New York 1975, S. 1360 Figur 34 und Part II, S. 695-696. Nach Neugebauer gibt diese Abbildung mit 50 Momenta die Entfernung Sonne und Venus bezüglich des Calcidiustextes am besten wieder.

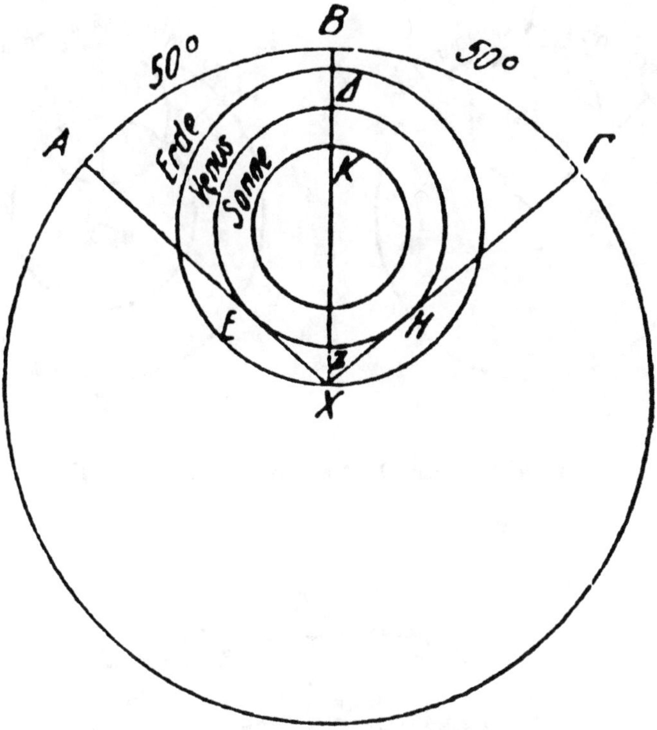

van der Waerden, Die Astronomie, S. 114 Abb.20

dann direkt sehen, wenn man zum Zodiakos in B-Richtung steht.

Es ist allerdings nicht zu übersehen, daß in der unteren Zeichnung (vgl. Abbildung S. 88 unten und 89), die dem Abbo-Diagramm entspricht, Venus und Sonne keinen gemeinsamen Deferenten haben können, die Abbildung also innerhalb einer Epizykeltheorie, bei der Venus und Sonne den gleichen Deferenten haben sollen, keinen Sinn ergibt[23]. Das bedeutet nichts anderes, als daß den Zeichnern der theoretische Hintergrund beim Kopieren wohl nicht mehr bewußt war.

23 Gedruckt in: Calcidius-Kommentar, S. 158 und Migne PL 90, Sp. 226.

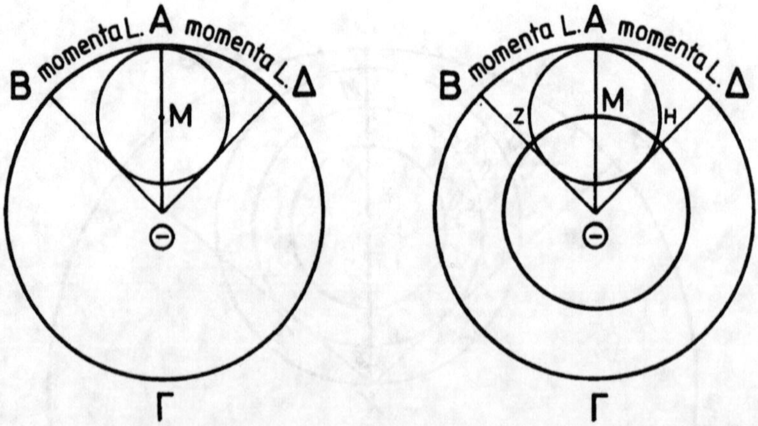

van der Waerden, Die Astronomie, S. 115 Typus III

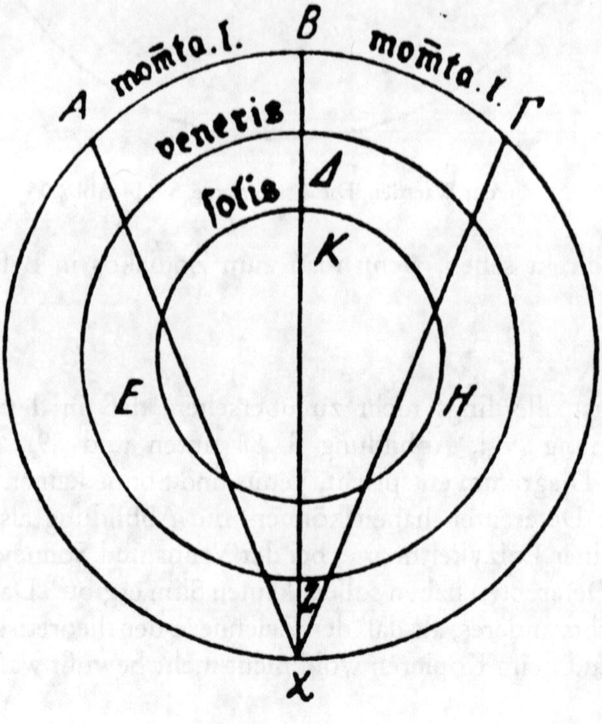

van der Waerden, Die Astronomie, S. 115 Typus II

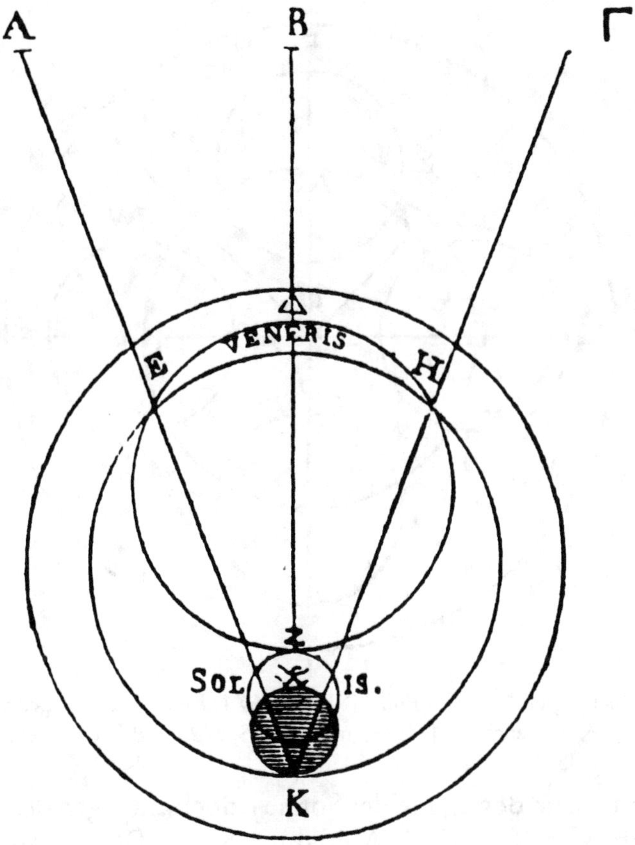

Migne PL 90, Sp. 226 erinnert an MS Berlin Phill. 1833 Bl. 38r 1. Reihe

3. Die übrigen Epizykel-Diagramme

Was hier allein als die Epizykeltheorie der Sonne dargestellt wird (vgl. Abbildung S. 90), ist in Wirklichkeit nichts anderes als die allgemein gehaltene Epizykeltheorie Hipparchs. Hipparch hatte gezeigt, daß sich die Bewegung eines Epizykels während seiner Bewegung entlang des Deferenten in der entgegengesetzten Richtung zu diesem vollzieht.

Bezüglich der Sonne bedeutet das, daß sich die tägliche Bewegung des Epizykels vom Orient zum Okzident vollzieht,

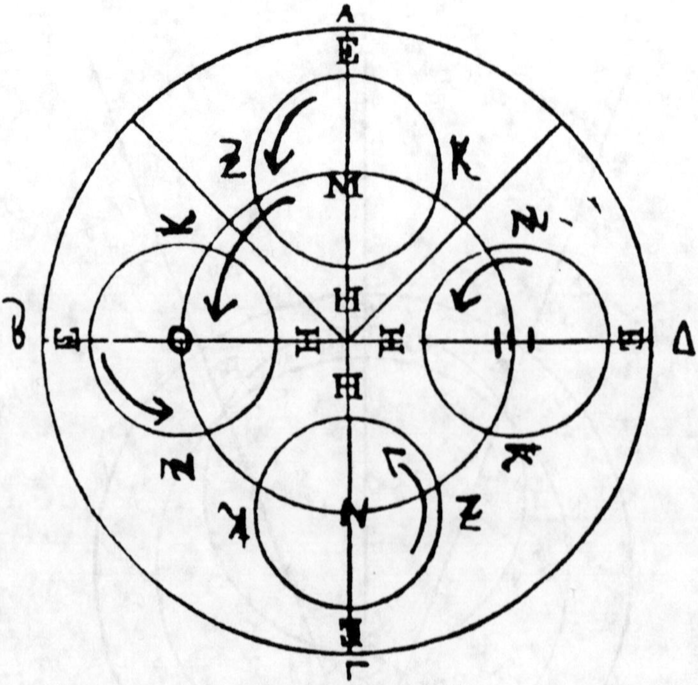

„De solis epicyclo“ (Berlin Phill. 1833 Bl. 36v 1. Reihe 3. Figur; gedruckt in: Calcidius-Kommentar, S. 131; Migne PL 90, Sp. 220 und Pannekoek, S. 135.)

die natürliche Bewegung der Sonne jedoch entgegen der Eigendrehung der Erde. (vgl. Abbildung S. 91) Der Jahresumlauf der Sonne wird durch MONΞ dargestellt.
Bei dieser Abbildung (vgl. Abbildung S. 92) handelt es sich meines Erachtens ebenfalls um ein Epizykel-Diagramm. Dies wird erst unter den folgenden Voraussetzungen einsichtig: Der zweite untere Kreis mit Mittelpunkt Ξ sollte der Epizykel auf dem Deferenten mit Mittelpunkt M sein. Θ wäre dann die Erde und das punctum aequans müßte über M mit dem Abstand Θ – M eingezeichnet sein.

Der Epizykel ist nicht auf den ersten Blick als solcher zu erkennen, weil er denselben Radius wie der Deferent hat, obwohl letzterer einen größeren Radius haben müßte. Der Radius des Epizykels wurde allerdings insofern richtig ausgemessen, als er der Entfernung Erde – punctum aequans, die die

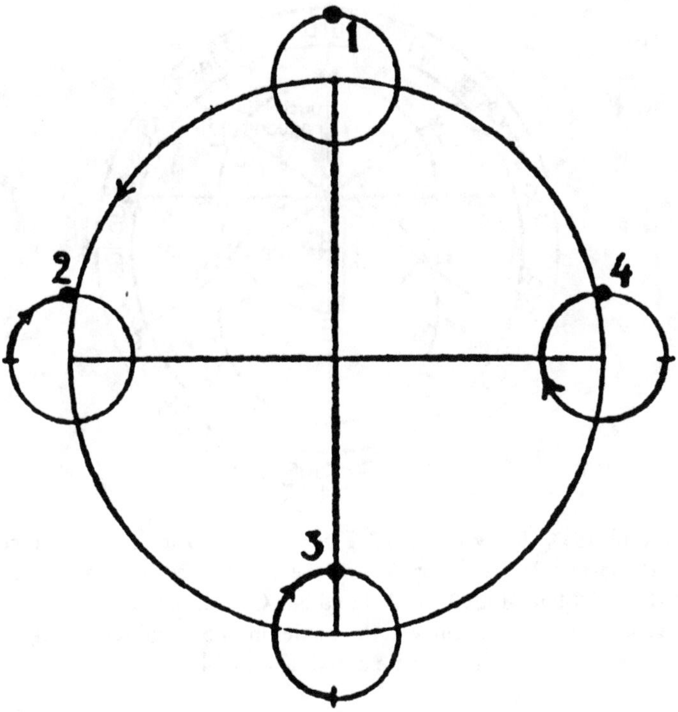

Pannekoek, S. 135

doppelte Entfernung von Erde – Mittelpunkt des Deferenten (Θ – M) beträgt, entspricht. Da im vorliegenden Beispiel die Entfernung Θ – M 8 mm beträgt, muß der Radius mit Mittelpunkt Ξ 16 mm betragen.

Für die Sonne gilt dieses Prinzip, nach dem die Entfernung punctum aequans – Erde die doppelte Distanz der Entfernung vom Mittelpunkt zur Erde beträgt, nicht. Hipparch hatte für die Sonne eine Ausnahmeregelung vorgesehen, die der Zeichner wohl nicht mehr kannte.

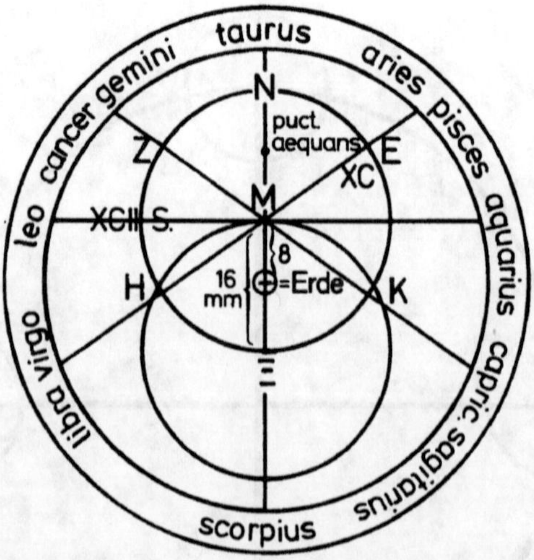

Berlin Phill.1833 Bl. 36v 1. Reihe 2. Figur: „Quod solaris circuli sit eccentron terra" (So auch Vat. Urb. lat 290 1.Reihe 2.Figur; gedruckt in: Hervagius, S. 18-19; bei: Migne PL 90, Sp. 219 und bei: Calcidius, S. 219; die Abbildung bei Calcidius weicht allerdings stark von der im MS dargestellten Figur ab, da der zweite untere Kreis fehlt.)

4. Die Eklipsen-Diagramme

Diejenigen Abbildungen, die eine Sonnen- oder Mondfinsternis auf Grund der Planetenkonstellation wissenschaftlich erklären, konnte Abbo heranziehen, um die in den Kalendarien und in der Heiligen Schrift verzeichneten Finsternisse zu überprüfen. Hermann der Lahme hat solche Angaben später benutzt, um seine komputistischen Rechnungen überprüfen zu können. Er wandte seine Ergebnisse zur Zeitrechnung sogar an, um sie an Hand einer vorausgesagten Mondfinsternis, die einen halben astronomischen Tag später eintraf, als er berechnet hatte, wieder zu verwerfen. Hermann konnte dies nur tun, weil er bereits über ausreichende Kenntnisse über Planetenverlauf und Planetenstellung verfügte.

So wie für alle Planeten ein allgemeines Epizyklen-Diagramm erstellt und abgezeichnet worden war, wurde das auch für die Eklipsen gemacht, obwohl die für die Komputistik entscheidenden die der Sonne und des Mondes waren[24].

Zur Sonnen- und Mondekliptik wurden auch solche Abbildungen aus Calcidius übernommen, die bei näherer Betrachtung zeigen, daß man sich über die wirklichen Größenverhältnisse von Sonne, Mond und Erde zueinander nicht im klaren gewesen ist[25]. Die übliche Stellung von Sonne, Mond und Erde, die für den Tag-Nacht-Rhythmus verantwortlich ist und damit keine eigentliche Finsternis darstellt, wurde auf Blatt 38r gleich zweimal dargestellt[26]. In dieser Darstellung wurde auch das Problem mitbehandelt, warum die Nacht schwarz ist und der Tag hell. Nach der damals vertretenen Ansicht ergab sich diese Verteilung aus der Zugewandtheit der einen Erdhälfte zur Sonne und der Abgewandtheit der anderen, die im Schatten liegt, wobei noch genügend Lichtstrahlen an der viel kleineren Erde vorbeiführen sollten, um den Mond zu erleuchten.

Die Erleuchtung des Mondes durch die Sonne und die sich durch den Lauf des Mondes ergebenden Mondphasen werden in einem weiteren, für die Zeit genauen Diagramm wiedergegeben. Dieselbe Abbildung wurde später auch noch von Nicole Oresme verwendet, obwohl diesem neuere arabische astronomische Literatur zur Verfügung stand[27].

---

24 Berlin Phill. 1833 Bl. 36v 3. Reihe 1. Diagramm; so auch Vat. Urb. lat. 290 Bl. 63r 1. Figur; gedruckt in: Hervagius, S. 20; Migne PL 90, Sp. 223 und Calcidius, S. 142.

25 Zur Sonnenfinsternis MS Berlin Phill. 1833 Bl. 36v 2. Reihe 2. Figur; gedruckt in: Hervagius, S. 19; Migne PL 90, Sp. 221 und Calcidius, S. 140. Literatur: Murdoch, Nr. 253 S. 293 linke untere Abbildung. Zur Mondfinsternis: MS Berlin Phill. 1833 Bl. 36v 2. Reihe 3. Figur; gedruckt in: Hervagius, S. 20; Migne PL 90, Sp. 222 und Calcidius, S. 142.

26 Berlin Phill. 1833 Bl. 38 1. Reihe 1. Figur und kleine Skizze in der zweiten Reihe; gedruckt in: Migne PL 90, Sp. 223 und Calcidius, S. 143. Die kleine eingeschobene Skizze in Migne PL 90, Sp. 224.

27 Bei dieser Figur handelt es sich nicht um ein Calcidius-Diagramm; Berlin Phill. 1833 Bl. 39r; Vat. Urb. lat. 290 Bl. 11v und Cambridge Trinity College 945 Bl. 5v; gedruckt in: Hervagius, S. 37 und 109 und Migne PL 90, Sp. 255-256; Literatur: Murdoch, Nr. 234 S. 258, der die Abbildung aus Oresmes Traité de l'espère genommen hat. Bei Oresme ist die Stel-

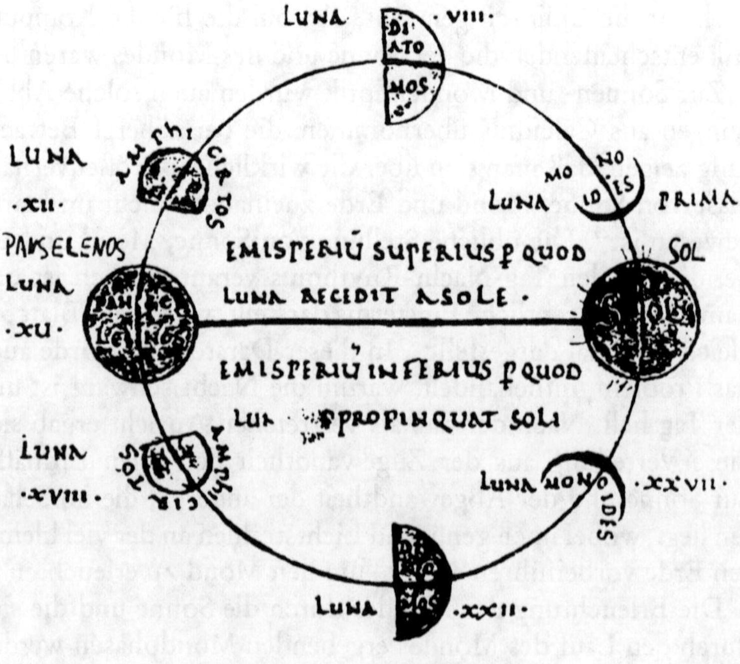

Cambridge Trinity College 945 Bl. 5v

Das Diagramm muß sphärisch gedacht worden sein, weil der Mond sonst auf seiner eigenen Bahn mit der Sonne kollidieren würde. Damit die einzelnen Mondphasen wie auf der Abbildung wiedergegeben erscheinen, ist die Stellung der Sonne zwar richtig gewählt, dort, wo sie eingezeichnet ist, müßte aber eigentlich der Neumond erscheinen und die Sonne müßte nach hinten gerückt sein. Auffällig ist jedoch, daß sich die Sonne bei beiden Darstellungen gar nicht bewegen dürfte. Entscheidender als die Planetenkonstellation dürften für die Zeitgenossen daher die Angaben zum Alter des Mondes gewesen sein, denn diese benötigten die Komputisten zur Bestimmung des Ostermondes.

Die Kenntnis der Planetenkonstellation konnte für einen Komputisten von nicht unerheblichem Nutzen sein. Das wird

---

lung der Sonne allerdings richtig gegenüber dem Neumond eingezeichnet.

wohl auch der Grund für Abbo gewesen sein, die Planeten-Diagramme zu sammeln, auch wenn man keine genaue Vorstellung davon hatte, welche Abweichungen an einem Diagramm falsch waren und welche nicht. Es gab für Abbo aber noch einen weiteren, mindestens ebenso wichtigen Grund, astronomische Diagramme in seine Handschrift aufzunehmen.

Für Platon und Calcidius hatte es Boethius übernommen, die Einheit der Weltseele als Abbild am Planetenhimmel zu formulieren: „[...] die Seele, die das Weltall bewegt, [...], wenn sie getrennt, ballt sie das Bewegte in zwiefache Kreise, kehrt sie wieder in sich zurück [...]". Dieses Bild findet sich in einem Calcidius-Diagramm noch verdichteter als Symbol der Einheit wieder:

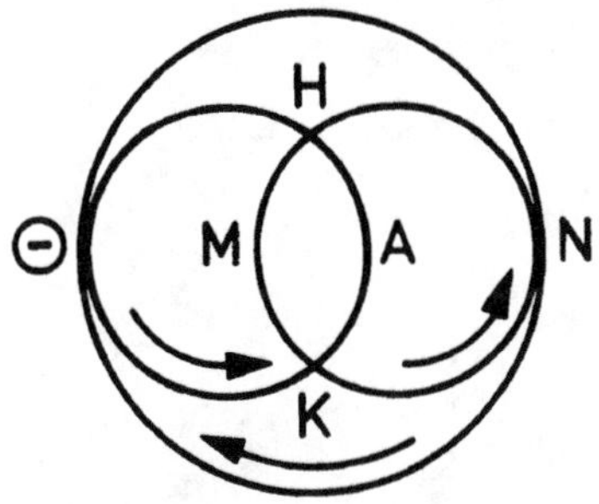

„De una essentia innectuntur sibi duo circuli" (Berlin Phill. 1833 Bl. 36v 3. Reihe 3. Figur; Vat. Urb. lat. 290 Bl. 63r 2. Figur; gedruckt in: Migne PL 90, Sp. 225 und Calcidius, S. 145.)

Die Figur vereinigt in sich, was alle Kreisdiagramme zum Ausdruck bringen sollen, nämlich die Rückkehr zum Ausgangsort und (erneute) Wiedergeburt.

IX. Mappae mundi bei Abbo

1. Die Kartographie in der Wissenschaftseinteilung des Mittelalters und bei Abbo

Die Bezeichnung ‚mappae mundi' für die von Abbo übernommenen Abbildungen zur Kartographie ist mit Hinblick auf Isidors Definition von ‚mundus' gewählt worden, denn für Isidor umfaßt der mundus Himmel, Erde, Meer und Sterne[1].

Die mittelalterlichen Darstellungen der Erde haben mit Geographie nicht viel zu tun, sie sind Zeichen mit einem Aussagegehalt, der uns erst in den letzten Jahrzehnten verständlich erschlossen worden ist.

Das vorliegende Kapitel basiert auf dieser neueren Forschung[2]. Denn die Zeugnisse Abbos bestätigen das neuere Verständnis mittelalterlicher Kartographie vollauf. Umgekehrt machen die Hypothesen dieses Zweigs der Wissenschaftsgeschichte die Aufnahme von Karten in die Berliner Handschrift erst verständlich.

---

1 Isidor Hispalensis Episcopi, Etymologiae sive origines, hrsg. v. W. M. Lindsay, Oxford 1911, Repr. 1962, III, 29-35; bei Abbo: Berlin Phill.1833 Bl. 21v. Isidor hat diese Definition von Hyginus (2. Jh. n. Chr.) übernommen. Vgl. C. Giulio Igino, L'Astronomia, hrsg. u. übers. v. L. Piacente, Bari 1988, S. 10 Def. 1.1. Vgl. zur Rezeptionsgeschichte Hyginus-Isidor-Abbo: G. Viré, La transmission du De Astronomia d'Hygin jusqu'au XIIIe siècle, in: Revue d'histoire des textes 11(1981), S. 159-276, hier S. 169, 216-217, 264-269.

2 Ich stütze mich hier vor allem auf J.-G. Arentzen, Imago Mundi Cartographica. Studien zur Bildlichkeit mittelalterlicher Welt- und Ökumenekarten unter besonderer Berücksichtigung des Zusammenwirkens von Text und Bild, München 1984. Außerdem: D. Woodward, Medieval Mappaemundi, in: The History of Cartography, Vol. I. Cartography in Prehistoric, Ancient and Medieval Europe and the Mediterranean, hrsg. v. J. B. Harly und D. Woodward, Chicago/London 1987, S. 286-370.

Auch im Mittelalter war ungewiß, ob die Kartographie eher der Geometrie oder der Astronomie zuzurechnen sei[3], und so möchte sich auch die moderne Forschung darüber kein pauschales Urteil erlauben. Mit einer Ausnahme: DeSmet sieht die Wurzeln der wissenschaftlichen Kartographie in der Astrologie begründet[4], da in der Astrologie eine genaue Orts- und Himmelsangabe für die Bestimmung des Schicksals unabdingbar ist. Durch die Berliner Handschrift wird dieses Urteil jedoch nicht bestätigt.

Fruchtbarer, da differenzierender, scheint der Ansatz zu sein, die im Mittelalter auftretenden Karten in Typen einzuteilen und anschließend zu überprüfen, in welchen Kontexten sich welche Typen am häufigsten wiederfinden lassen. Da bei Abbo im wesentlichen die beiden Haupttypen, die Weltkarte in Form der T-O-Karte und die Zonenkarte, wiedergegeben sind, kann man sich, einem Vorschlag Arentzens folgend, auf diese beiden Grundtypen beschränken und Mischformen vernachlässigen[5].

Diejenigen Karten, die die gesamte terrestrische Hemisphäre darstellen, werden Weltkarten genannt und sind oft Zonen- oder Klimakarten. Diejenigen, die nur den vom Menschen bewohnten Teil darstellen, werden auch Ökumenekarten genannt. Für sie wird zumeist der sogenannte T-O-Typ als Schema benutzt, weil Augustin diesen durch seine Autorität für die Ökumenekarte festgeschrieben hat[6].

In ihrem Vorkommen unterscheiden sich die beiden Typen dadurch, daß die Welt- oder hemisphärischen Karten sich fast ausschließlich in naturkundlichen Kontexten befinden, wäh-

---

3 Arentzen, S. 12.

4 A. DeSmet, L'évolution de la cartographie au moyen age et jusqu'à la 2e motié du XVIe siècle, in: Land- und Seekarten im Mittelalter und in der frühen Neuzeit, hrsg. v. C. Koeman. Wolfenbütteler Forschungen, Bd. 7, München 1980, S. 69-89, hier S. 72.

5 Woodward lehnt diese Beschränkung zwar ab, muß aber zugeben, daß die quadripartiten Formen sehr selten sind und ein vierter T-O-Typ nur im 14. und 15. Jh. zu finden ist. Woodward, S. 296.

6 Arentzen, S. 94.

rend die Karten der Ökumene in historische, naturkundliche, poetische, theologische und biblische Kontexte verstreut sind[7]. Bei Abbo werden aber, bemerkenswerterweise, auch die T-O-Karte und die Karten der Ökumene in einen universalen, kosmologischen Zusammenhang gestellt, wodurch bei ihm unter anderem die Verbindung von Mikro- und Makrokosmos sichtbar gemacht wird.

Derjenige Kartentyp, auf den sich Abbo fast ausschließlich konzentriert, ist jedoch der hemisphärische, der bei Abbo, aber auch in anderen mittelalterlichen Codices, der Astronomie zuzurechnen ist. Dies ist ein Umstand, der für uns heute unverständlich sein mag. Er wird aber vielleicht verständlicher, wenn man bedenkt, daß mit Hilfe von Astronomie und Kosmologie nicht nur das Phänomen „Zeit“, sondern auch das „Raumphänomen“ behandelt werden soll, wenn auch die Erde nur eine kleine, aber für mittelalterliche Denker zentrale Stellung im Raum einnimmt.

2. Funktion und Aussagewert der Karten

Auf Grund des soeben Gesagten und der Beobachtung der Forschung, daß die Kartographie im Mittelalter nicht der Geographie zuzurechnen ist, ist nicht allzu verwunderlich, daß sowohl die hemishärisch angelegte Zonenkarte als auch die der Ökumene zurechenbare T-O-Karte rein schematisch ausgestaltet sind und keinerlei geographische, historische oder auch nur primitive topologische Inhalte überliefern sollen[8].

Arentzen hat in seiner Arbeit „Imago Mundi Cartographica“ die hemisphärische Karte als kulturelle Einheit „Welt“ und

---

7 Arentzen, S. 71-72. Vgl. auch A.-D. von den Brinken, Mappa mundi und Chronographia, in: Deutsches Archiv 24 (1968), S. 118-186; hier S. 131-133 zum T-O-Typ und S. 134-136 zum hemisphärischen Typ.

8 Arentzen, S. 94.

die T-O-Karte als kulturelle Einheit „Ökumene" begriffen[9]. Dem läßt sich aber nur bei weiterer Präzision der Begriffe „Welt" und „Ökumene" folgen.

Die Welt wird von Abbo als Universum im isidorischen Sinne verstanden, während man für die Ökumene wohl ganz allgemein sagen darf, daß sie, im Gegensatz dazu, der durch die Heilsgeschichte, die sich an der Menschheit vollzieht, geprägte Raum ist. „Problematisch war und ist zu allen [...] Zeiten das Ineinanderarbeiten von Zeit und Raum zu einer Gesamtdarstellung der Menschheitsgeschichte."[10] Die mittelalterliche Ausgestaltung dieser Gesamtdarstellung sieht von den Brinken in den Ökumenekarten und der Chronographie.

Dem ist insofern zuzustimmen, als die Ökumenekarten und die Chronographie eine mittelalterliche Ausgestaltung der Gesamtdarstellung von Raum und Zeit sind. Bei Abbo stellt sich das Ineinanderarbeiten von Zeit und Raum jedoch nicht als eine Gesamtdarstellung der Menschheitsgeschichte dar, weder in Form einer Enzyklopädie, die die Bedeutung der „loca" zu betonen hat, noch in der annalistischen Form der Ostertafeln für die Chroniken[11].

Abbos Überlegungen zu Zeit und Raum bewegen sich auf einer abstrakten, unhistorischen Ebene. Die Erde wird von ihm nicht als ein primär von Menschen bewohnter Himmelskörper in seine Handschrift aufgenommen, sondern als eine auf Parmenides zurückgehende Projektion der Himmelsgürtel auf die Erde, als ein Zeichen zur Darstellung der Beeinflussung von Ebbe und Flut durch den Mondlauf, als eine Kugel, auf die von allen Seiten Regen fallen kann, oder eine Verbindung von Mikro- und Makrokosmos, also von Mensch und Welt – Welt und Universum.

Von dieser unvollständigen Aufzählung her läßt sich bereits erkennen, daß auch von einem Abbo von Fleury, selbst wenn er die Raumdarstellung anders als in einem historiographi-

9 Arentzen, S. 95.

10 Von den Brinken, S. 124.

11 Zu letzteren: von den Brinken, S. 126.

schen Sinne verstanden hat, eine Verbindung von Projektion und Koordinatensystem nicht zu erwarten gewesen ist, obwohl Abbo sowohl die Idee der Projektion mittels eines Macrobius-Diagramms tradierte, als auch die des Koordinatensystems an Hand des sogenannten Graphen[12].

Bezüglich des Aussagegehalts der Karten bei Abbo ist es dann schon wahrscheinlicher, daß er sich hinsichtlich der T-O-Karte an die Repräsentation eines Kreuzes in Form eines Taus (T) erinnert gefühlt hat, das die Leiden Christi auf Erden symbolisieren sollte[13]. Die genaue Einordnung der Karten in die Abbo-Handschrift wird sich jedoch erst nach Betrachtung der aufgenommenen Darstellungen vornehmen lassen.

3. Die Macrobius-Karten

Die weitaus meisten Karten hat Abbo aus den „Commentarii in somnium Scipionis" des Macrobius (4. Jh. n. Chr.) genommen[14]. Macrobius und Martianus Capella haben die Karten wiederum von Krates von Mallos (2. Jh. v. Chr.) mit der in ihnen enthaltenen Vorstellung übernommen, nach welcher die Erde von einem Ozean am Äquator und einem Ozean am Meridian in vier Teile zerlegt sein sollte. Die Vierteilung bezieht sich auf beide Hälften des Erdkörpers. Das bedeutet, daß Abbo von Macrobius die Kugelgestalt der Erde zusammen mit dieser Textpassage übernommen und tradiert hat.

Der Ozean, der in der Mitte der Welt angesiedelt wurde, sollte zwei Ströme hervorbringen, einen im Osten, der nach Süden und Norden fließt, und einen im Westen, der ebenfalls

---

12 Zur Nichtverbindung dieser beiden Ideen bis hin zu Roger Bacon vgl. Woodward, S. 322-323. Auf S. 323 Abbildung des Graphen aus Clm 14436 Bl. 58r, die der in der Abbo-Handschrift insofern ähnelt, als ein Koordinatensystem angedeutet ist.

13 Vgl. Woodward, S. 334 mit weiteren Literaturangaben.

14 Zitiert wird im folgenden nach der Ausgabe von J. Willis, Leipzig 1970.

nach Süden und Norden fließt[15]. Interessanterweise wurde in der Abbo-Handschrift auch diejenige Passage aus Macrobius übernommen, in der es heißt, daß die beiden Flüsse des Nordens aufeinandertreffen und dadurch Anstieg und Abfall des Meeres verursachen. Interessant ist dies, weil in einer Abbildung, im hinteren Teil der Handschrift, Bedas Ebbe-Flut-Theorie aufgegriffen wird, welche richtig davon ausgeht, daß es der Einfluß des Mondes ist, der das Ebbe-Flut-Phänomen erzeugt. Der Versuch einer Entscheidung zwischen den beiden konkurrierenden Vorstellungen wird nicht unternommen und war auch nicht Gegenstand der Überlegungen.

Der Himmel und die Erde wurden in fünf Zonen eingeteilt, die mit denselben Namen versehen wurden. Links und rechts des Äquators befand sich je eine Dürrezone, danach folgte je eine bewohnbare Zone mit wohltemperiertem Klima, auf diese folgte die Kältezone der beiden Pole, wobei die beiden Zonen um den Äquator als eine Zone gezählt wurden[16].

Bei Himmel und Erde werden die Zonen D-R mit S-K, R-Q mit K-L, Q-P mit L-M, P-O mit M-N und O-C mit N-T parallelisiert, sowohl in der Zeichnung als auch in dem dazugehörigen Text.

„Wenn es nicht wahr wäre, daß alle Schwerkraft zur Erde hingeht, würde auf die Erde nur ein kleiner Ausschnitt des niedergehenden Regens, nämlich der des Ausschnitts von A nach C, fallen." Der Text in der Abbo-Handschrift bricht hier ab, übergeht also die Beschreibung der Ausschnitte E-F und G-L, obwohl diese Flächen in der Zeichnung als diejenigen eingezeichnet sind, in denen der Regen vom Himmel ins Nichts beziehungsweise „in den Himmel fallen" würde, wenn er nicht auf Grund der Schwerkraft ebenfalls auf die Erde niedergehen würde[17]. Es kann aber auch sein, daß der Zeichner den Ist-Zustand wiedergeben wollte, in dem der Regen auf Grund der

15 Macrobius, Comm. II, 9, 1-7; bei Abbo: Berlin Phill. 1833 Bl. 1r.

16 Vgl. The Geography of Strabo, hrsg. u. übers. v. H. L. Jones, Bd. I, Buch I.II, London/Cambridge 1960, 2.3.1. und 2.5.3.

17 Bei Macrobius, Comm. II, 9, 1-7; bei Abbo: Berlin Phill. 1833 Bl. 1r Sp. 1.

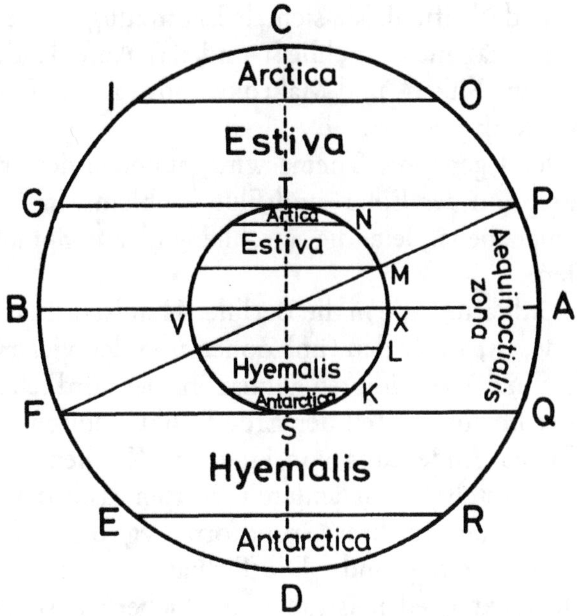

Macrobius, S. 166; Abbo Berlin Phill. 1833 Bl. 1r 1. Sp. und Bl. 36r 2. Figur

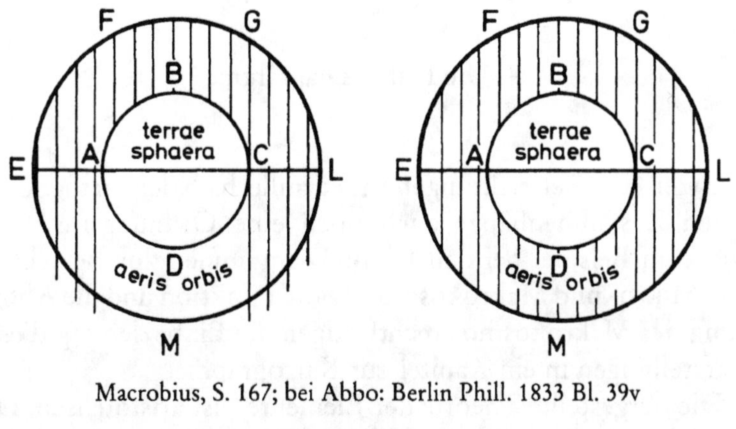

Macrobius, S. 167; bei Abbo: Berlin Phill. 1833 Bl. 39v

Schwerkraft aus allen Himmelsrichtungen auf die Erde fällt, und deshalb den gesamten Himmelsausschnitt schraffiert hat[18]. Diese Karte gehört insofern in den Kontext der übrigen Kar-

18 Der Text in: Migne, PL 90, Sp. 266, weicht von der Abbo-Handschrift ebensowenig ab, wie die Zeichnung, auch wenn es auf den ersten Blick so erscheinen mag.

ten der Handschrift, als sie sich als Ergänzung an die Darstellung der Klimazonen anschließt und das Aufeinanderwirken der Kräfte aus Mikro- und Makrokosmos mit der Erwähnung der Schwerkraft berührt.

Das zuletzt genannte Thema wird, außer in der erwähnten Beda-Rezeption des Ebbe- und Flut-Problems, in den Isidor-Diagrammen behandelt, die anschließend zur Sprache kommen sollen.

In der Erdkarte[19], die in die Berliner Handschrift aufgenommen wurde, ist, außer den fünf Zonen und den vier Himmelsrichtungen in der gemäßigten Klimazone der nördlichen Hemisphäre, der bewohnte Teil der Erde in ökumenischer Art und Weise mit der Andeutung von Häusern, Kirchen, Inseln und Meeren dargestellt – mit anderen Worten also: der menschliche Lebensraum. In ihrer Grundform liegt dieser Karte eine Macrobius-Karte zugrunde. Die Erdkarte findet sich auch in diesem Kontext wieder, ist aber mit Sicherheit späteren Ursprungs.

4. Die Isidor-Diagramme

Die vier Himmelsrichtungen haben außerhalb der kartographischen Zusammenhänge auch noch eine Ordnungsfunktion, wie zum Beispiel bei den Isidor-Diagrammen zur Beziehung von Mikro- und Makrokosmos. Diese Funktion und die Abbildung des Makrokosmos rechtfertigen die Einbeziehung dieser Darstellungen in ein Kapitel zur Kartographie.

Die dargestellte Theorie der Elemente[20] ist aristotelisch. Die vier Elemente Luft, Feuer, Erde und Wasser, haben ebenso wie die Jahreszeiten Frühling, Sommer, Herbst und Winter, und

19 Berlin Phill. 1833 Bl. 39v.

20 Vgl. auch Isidor de Seville. Traité de la nature, hrsg. v. J. Fontaine, Bordeaux 1960, Abb. 5; Murdoch, Nr. 286 S. 356 und Migne PL 90, Sp. 461-462.

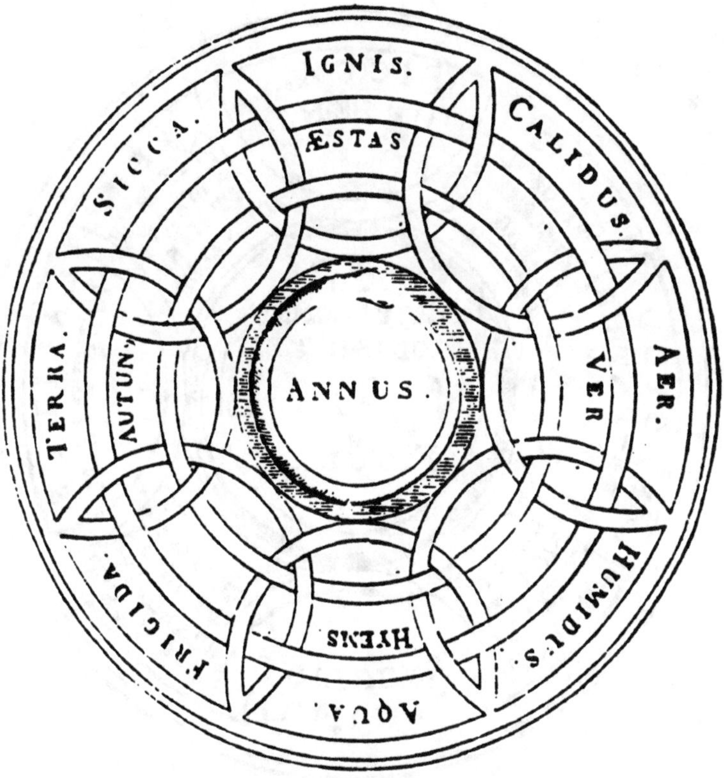

„De conventia cosmi, microcosmi et anni", wie Berlin Phill. 1833 Bl. 38v 3. Figur

die vier Säfte Galle, schwarze Galle, Schleim und Blut, aus denen der Mensch zusammengesetzt ist, an je zwei von vier Grundeigenschaften trocken, kalt, feucht und heiß, teil. Dies bedeutet, daß die vier Grundeigenschaften auf den Mikrokosmos Mensch ebenso anwendbar sind, wie auf den Makrokosmos Welt. Mensch und Welt haben in diesem Punkt eine konkrete Verbindung, die über eine abstrakte, wie die Zeit, hinausgeht.

In dem Isidor-Diagramm „De temporibus, partibus et qualitatibus anni", das in der Berliner-Handschrift auf Bl. 38v 2. Figur, abgebildet ist, werden die Jahreszeiten mit den vier Himmelsrichtungen in Verbindung gebracht.

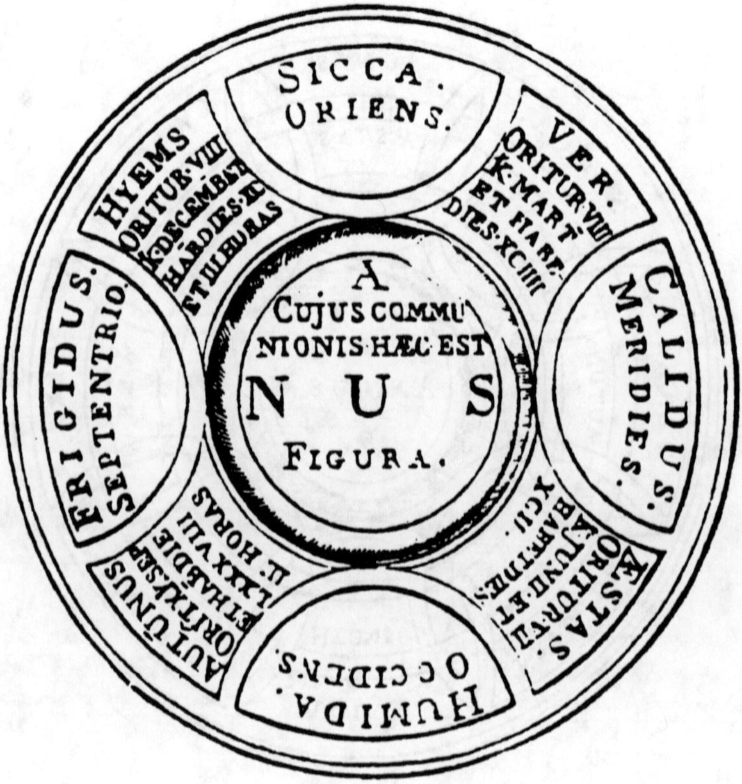

Migne PL 90, Sp. 459-460

In „De natura rerum" schreibt Isidor, daß der Frühling mit dem Osten (oriens) in Verbindung zu setzen ist, weil in dieser Jahreszeit wieder alles aus der Erde hervorkommt (oriuntur). Sommer und Winter gehören wegen Hitze und Kälte zu Süden und Norden, der Herbst zum Westen (occidens), weil im Herbst der Fall (occidus) der Blätter einsetzt[21]. Die Zeichnung enthält außerdem Angaben über den Beginn der einzelnen Jahreszeiten, Informationen also, die auch für die Zeitrechnung wichtig sind.

---

21 Vgl. auch Murdoch, Nr. 47 S. 53.

Die letzte Abbildung, die hier als Isidor-Diagramm besprochen werden soll, ist nur partiell ein solches Diagramm. Sie ist jedoch wichtig, weil die Darstellung der Erde im Zentrum der fraglichen Zeichnung eine sogenannte T-O-Karte ist, die auf Isidor von Sevillas einfachen, schematischen Kartentyp zurückgeht.

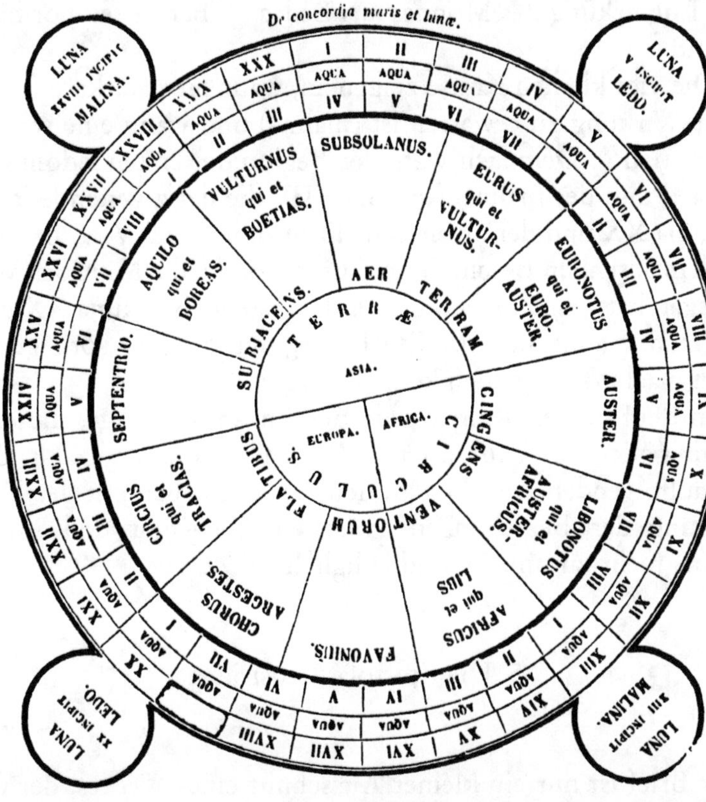

Migne Pl 90, Sp. 385-386 (Der Text aus Migne PL 90, Sp. 258 rota pertinet bis Sp. 260 exortum, ist mit dem aus der Berliner-Handschrift identisch.)

Der Isidorsche Kartentyp ist eigentlich eine Ökumenekarte, da er ausschließlich die bewohnten Kontinente Asien, Europa und Afrika symbolisiert. Von einer geographischen Abbildung kann in dieser einfachen, schematischen Form keine Rede sein, und sie ist wohl auch nicht intendiert. In der in der Handschrift gewählten Variante ist sogar darauf verzichtet worden, die Meere zwischen Europa, Afrika und Asien einzuzeichnen. An sie wird nur noch durch die Trennlinien zwischen den Kontinenten erinnert, obwohl es das Hauptanliegen der Gesamtabbildung ist, den Einfluß des Mondes auf die Meere darzulegen. In dem zu der Figur gehörenden Text wird ausdrücklich darauf verwiesen, daß die Erklärung von Ebbe und Flut durch die Einwirkung des Mondes aus Bedas „Liber de temporibus" stammt.

Die vier kleinen Kreise zeigen an, wann eine stärkere Ebbe-Flut-Wirkung zu erwarten ist (malina) und wann eine schwächere (ledo). Demnach wäre der Beginn der ersten ledones an luna V und der malinae an luna XIII, die der zweiten ledones an luna XX und der zweiten malinae an luna XXVIII. In einer anderslautenden Beschreibung dieser rotula, die Murdoch vorgelegen hat[22], heißt es zwar, daß die erste ledo an luna XX und die erste malina an luna XXVIII beginnt, der hier vorliegende Text macht dazu jedoch keine Aussage.

In dem dritten Ring wurde die Anzahl der Tage, die eine malina oder ledo dauert, nämlich jeweils acht, mitgezählt. Die darauffolgenden Angaben zu den Winden haben mit der Darstellung der Beziehungen zwischen Ebbe-Flut und Mond nichts mehr zu tun, sie sind lediglich ein Zusatz.

5. Die Epistola Petosirides

Der Brief ist nur ein kleiner Ausschnitt eines Werkes, der um 200 v. Chr. zusammengestellt worden ist. Von Petosiris selbst, der im 4. Jahrhundert v. Chr. gelebt hat, stammt der Brief nicht.

Der in der Berliner Handschrift vollständig abgeschriebene Text mit Illustration ist aus zwei Gründen sehr interessant. Einmal, weil die Abbildung zu Leben und Tod in Analogie zu

---

22 Murdoch, Nr. 251 S. 289-290, hier S. 290.

Erde und Himmel gestaltet wurde, zum anderen wegen der im Brief enthaltenen Zahlensymbolik.

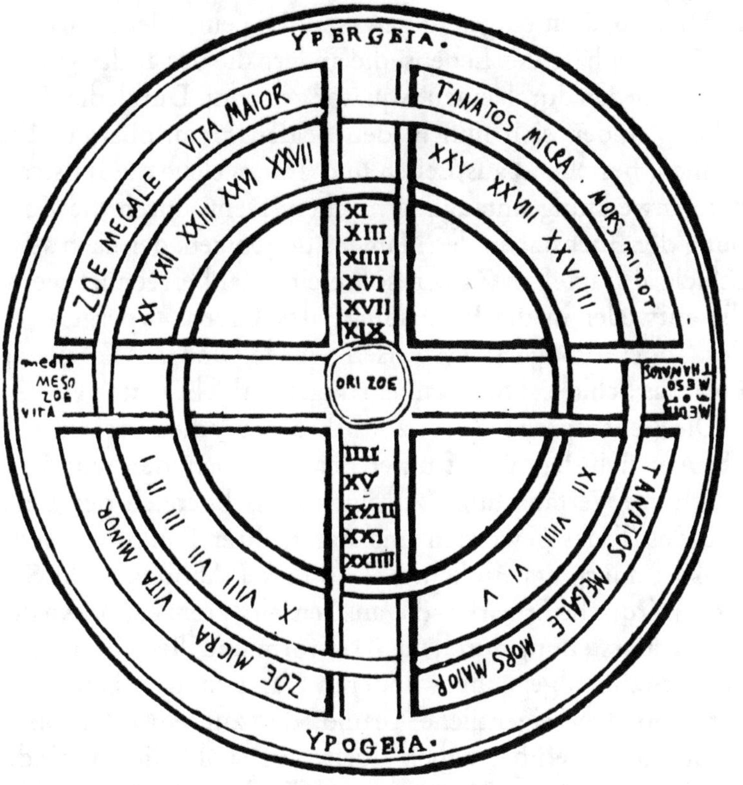

Berlin Phill.1833 Bl. 53v

Diese Abbildung ist, verglichen mit dem Text und der Abbildung aus Bibl. Vat. Cod. Pal. lat. 176 Bl. 1v[23], unvollständig. Es fehlen die beiden äußeren Ringe, die von innen nach außen die Zählung des Mondes von 1 bis 900 und das griechische Alphabet enthalten sollten. Gravierender ist aber die Vertauschung der beiden Viertel „tanatos micra" und „zoe micra", denn sie macht deutlich, daß irgendwann, im Laufe der Rezeption des

23 Abgebildet in: Th. G. Tolles, The Latin Tradition of the Epistola Petosirides, in: Manuscripta 26 (1982), S. 50-60, hier S. 57.

Briefes, ein Schreiber die Grundstruktur der Abbildung nicht mehr verstanden hat.

Ursprünglich war die Figur in Analogie zur Weltdarstellung in Hemisphären eingeteilt gewesen. Die eine Hemisphäre war die Hemisphäre des Lebens, die andere die des Todes gewesen; beide wurden durch einen Äquator getrennt. Durch die Vertauschung finden sich nun in den beiden Hemisphären Mischformen, bestehend aus Leben und Tod, welche die Illustration zur Anwendung untauglich machen. Denn durch die Zuordnung der Buchstaben des Namens desjenigen, der nach seinem Schicksal fragte, zu Zahlen sollte eine Zahl errechnet werden, die entweder in die Hemisphäre des Lebens (ypergeia) oder des Todes (ypogeia) verweisen würde, und so Voraussagen über das Schicksal des Namensträgers erlaubt hätte.

Die Lebensgrenze (oroi zoes thanatou), die anzeigen sollte, ob man sich demnächst unter der Erde befinden würde, war durch die Vertauschung zu einem Mischbereich des Lebens und des Todes geworden und damit ihrer Funktion beraubt. Dies ist um so erstaunlicher, als in dieser Abbildung die Sphären als irdische Sphären, die ans Jenseits grenzen, in Analogie zur Erddarstellung durch die Kreisform und die in ihr enthaltene Kreuzform gegenüber anderen Darstellungen betont worden sind. Der eigentliche Grund, der zur Aufnahme in die Handschrift geführt haben dürfte, ist wohl die Verbindung von Lebenszeit und Mondzeit und die damit verbundene Zahlensymbolik gewesen.

Den Buchstaben des Namens des Anfragenden wurden die Zahlenwerte des griechischen Alphabets zugeteilt, was bedeutet, daß die lateinischen Namen zunächst in griechische Buchstaben umgeschrieben werden mußten. Zu der sich daraus ergebenden Summe mußte die Zahl des Mondmonats addiert werden, in dem das fragliche Ereignis stattfinden sollte. Um diese Zahl nachschlagen zu können, befand sich am Ende des Briefes eine entsprechende Liste. Das Ergebnis mußte dann durch 29 geteilt werden; der sich dabei ergebende Rest konnte nun in den beiden Hemisphären nachgesehen werden.

Das Verfahren verweist zum einen auf die Verwendung griechischer und lateinischer Buchstaben an Stelle von Zahlen, wie wir sie so auch wieder in den komputistischen Tabellen antreffen werden, zum anderen auf die Verbindung von Lebenszeit und Mondverlauf, wie sie ebenso in der Komputistik wiederzufinden ist[24].

6. Funktion und Aussagewert der Karten in der Abbo-Handschrift

Nach diesem etwas genaueren Blick auf die Karten läßt sich sagen, daß sie bei Abbo in einem zu präzisierenden Sinne als Zeichen der Einheit verwendet wurden und eine andere Funktion als die der räumlichen Darstellung der Menschheitsgeschichte haben.

Mit den Macrobius-Karten wurden die gemeinsamen Strukturen von Weltall und Erde sowie die Stellung der Erde in demselben und dessen Einfluß auf sie hervorgehoben. Der Makrokosmos „mundus" und der Mikrokosmos „terra" sind in gleichnamige Zonen eingeteilt, aber das Zentrum der Kräfte, die im Weltall wirken, ist die Erde.

Die Gemeinsamkeiten von Mikro- und Makrokosmos sind auch in den Isidor-Diagrammen das Hauptanliegen, nur daß sich die Aussagen hier auf die Bereiche Kosmos-Mensch beziehen. Der Mensch, der durch den ökumenischen Teil der Erdkarte in das irdische Geschehen einbezogen ist, wird mittels der Isidor-Diagramme in das kosmische Geschehen eingebunden. Insofern kann Arentzens Bemerkung über die Funktion der mittelalterlichen Karten als Zeichen der Einheit bestätigt werden.

24 Jones, Pseudepigrapha, S. 90; A. van de Vyver, Les plus anciennes traductions latines médiévales (X.-XI. siècles) de Traités d'Astronomie et d'Astrologie, in: Osiris 1 (1952), S. 458-691, hier S. 674-676.

X. Die komputistischen Tabellen

1. Einführende Bemerkungen zur Komputistik

Die Lehre von der Zeitrechnung hat ihren hohen Stellenwert innerhalb des mittelalterlichen Disziplinenverständnisses durch ihre Bedeutung für die Osterfestberechnung erlangt. Das vom Lauf des Mondes abhängige Osterfest ist kein sich alljährlich zu demselben Datum wiederholendes Fest wie Weihnachten. Diese „Beweglichkeit" des Festes resultiert aus der Abhängigkeit vom Paschafest und damit zum Mondkalender.

Nach dem Neuen Testament hat die Auferstehung des Herrn am Sonntag nach Pascha, der Jahresfeier des Auszugs aus Ägypten, die am Vollmond des 14. Nisan begangen wird, stattgefunden. Schwierigkeiten ergaben sich für die Christen aus der Kombination des jüdischen Mondkalenders mit dem römischen Sonnenkalender, weil dies bedeutete, daß ein ungleicher Mond- und Sonnenmonat und ein ungleiches Mond- und Sonnenjahr miteinander in Übereinstimmung gebracht werden mußten. Dies sollte mit Hilfe des 19jährigen Mondzyklus', dem sogenannten Mondsprung am Ende des 19jährigen Zyklus', dem 28jährigen Sonnenzyklus und dem 532jährigen Lunisolarzyklus bewerkstelligt werden.

Der 19jährige Zyklus, der bereits auf die babylonische Astronomie zurückgeht[1], soll die Tage des Mond- und Sonnenmonats und die Mond- und Sonnenmonate des Mond- und Sonnenzyklus in Übereinstimmung zueinander bringen. Da der Mondmonat aber kürzer als der Sonnenmonat ist, müssen den 19 mal 12 Mondmonaten noch sieben als Schaltmonate zu

---

1 Vgl. Sigebert von Gembloux, Liber Decennalis, hrsg. v. J. Wiesenbach, Weimar 1986, hier Die Grundlagen der Komputistik, S. 31-52, insbes. S. 35.

30 Tagen hinzugefügt werden, so daß sich nach Tagen folgende Aufteilung ergibt: 19 mal 6 Mondmonate zu 29 Tagen, 19 mal 6 Mondmonate zu 30 Tagen und sieben Schaltmonate zu 30 Tagen plus der 4,75 Tage, die auch den Sonnenmonaten als Schalttage in 19 Jahren hinzugefügt werden. Die sich daraus ergebende Anzahl von 6940,75 Tagen beträgt gegenüber dem 19jährigen Sonnenzyklus zu 6939,75 Tagen einen Tag zu viel. Dieser Tag muß am Ende des 19jährigen Mondzyklus als sogenannter Mondsprung wegfallen[2].

Die Phasenverschiebung von Mond- zu Sonnentagen wurde in der Komputistik innerhalb des 19jährigen Zyklus durch die Epakte (das ist das Mondalter) angegeben. Die Epakte beträgt für das erste Jahr eines Zyklus, in dem der historische Frühlingsanfang des 24. März mit dem Anfang der Mondperiode zusammenfällt, neun, weil der Mond an diesem ersten Januar das Mondalter neun hat. Da ein Mondjahr nur 354 Tage umfaßt, erhöht sich diese Epakte in jedem Zyklusjahr um elf Tage (354 + 11 = 365)[3]. Der 28jährige Sonnenzyklus erhält seine Bedeutung durch die Festschreibung, nach der Ostern auf einen Sonntag fallen muß. Bekannterweise verschieben sich die Wochentage jedes Jahr um einen und nach vier Jahren um zwei Tage. Erst nach einer Periode von 28 Jahren fallen alle Kalenderdaten eines Kalenders wieder auf dieselben Wochentage wie im ersten Jahr des 28jährigen Zyklus, und die Wochentage wiederholen sich von da an in derselben Reihenfolge. Die Tage eines Jahres wurden nach Anzahl der Wochentage von A-G (1-7) „durchgezählt“, um auf diese Weise erkennen zu lassen, wie sich die Wochentage für den 24. März (dem historischen Frühlingsanfang), welcher für die Berechnung des 14. Nisan und damit des Ostersonntags ausschlaggebend ist, verschoben.

Die Kombination aus 19jährigem und 28jährigem Zyklus ist, wie bereits erwähnt, der 532jährige Zyklus. Am Ende die-

2 Vgl. Wiesenbach (Hrsg.), S. 36/37 und H. Zemanek, Kalender und Chronologie. Bekanntes und Unbekanntes aus der Kalenderwissenschaft, München 1987[4], S. 44-47.

3 Vgl. Zemanek, S. 47/48.

ses Zyklus ist der Mond nicht nur wieder an denselben Monatsdaten wie zu Beginn seines Verlaufs zu finden, sondern auch an denselben Wochentagen. Verbunden hat den 19jährigen mit dem 532jährigen Zyklus erst Beda Venerabilis[4], der mit seinem komputistischen Werk „De temporum ratione liber" den Grundstein für die Zeitrechnung des Abendlandes legte. Beda stellte darin einige Grundregeln auf, die für die mittelalterlichen Komputisten unumstößlich waren, zu deren Aufgabe sie gleichwohl in ihren Arbeiten durch sich widersprechende Angaben gezwungen wurden.

Abbo von Fleury ist einer von denjenigen gewesen, die die Inkonsistenz dieses Regelwerks aufgedeckt haben[5], und dies, obgleich er andere Angaben Bedas, wohl weil sie ihm für ein Überdenken des Gewohnten nicht wichtig genug erschienen, durchaus in konservativer Manier übernommen hat. Er hält sich z. B. an Bedas Ablehnung der kleinsten Zeiteinheit[6], eine Ablehnung, die Hermann der Lahme, wie erwähnt, nicht mehr teilt. Abbo ist jedoch an der Wiedergabe der Zyklen interessiert, bei denen es seiner Meinung nach nicht auf diese kleinsten Zeiteinheiten ankommt. Wie Beda[7] warnt er vor einer Vorausberechenbarkeit des Weltendes, fühlt sich dazu aber in ganz anderer Weise als dieser veranlaßt. Beda hatte ausdrücklich betont, daß ihm nicht nur an dem richtigen Maß und Verhältnis bei der Zeiteinteilung, sondern auch an dem curriculum vitae der Sterblichen gelegen sei, wenn er über Zeitrechnung schreibe[8]. Abbo hingegen tut das nicht, auch wenn er Ähnliches im Sinn hat. Der Übergang von der Zeitlichkeit in die Ewigkeit,

---

4 Victorius von Aquitanien hat zwar auch bereits beide Zyklen gekannt, er hat sie jedoch nicht in Verbindung zueinander gesetzt. Vgl. Ch. W. Jones, ‚Bede', in: Dictionary of Scientific Biography, Bd. 1, New York 1970, S. 565.

5 Vgl. dazu im Detail Kap. XIII ‚Abbos Briefe zur Komputistik'.

6 Jones CC 123B, Kap. III., S. 277/278.

7 Epistula ad Pleguinam, in: Beda Venerabilis, Opera Pars IV, Opera Didascalia 3, hrsg. v. Ch. W. Jones, Turnholt 1980, CC 123C, S. 617 Z. 3-17.

8 Jones CC 123B, S. 274 Z. 1-6.

damit auch die Rückkehr der Seele in ihre Einheit, also Gott, ist sein Thema. Wie die Zeit eines Menschen aussieht, wie sie verbracht wird und verbracht worden ist, ist nicht sein Thema.

Die Berechnung des ersten Welttages hat für Abbo ebenfalls eine andere Bedeutung als für Beda. Die Frage, ob der erste Tag der Welt an den achten Kalenden des April (= 25.März) oder den zwölften (= 21.März) gewesen sei, ist für Beda auch eine allegorische. Ob der Mond als Voll- oder Halbmond geschaffen worden ist, ob die Zeit mit der Erschaffung des Mondes und der Sonne oder schon vorher begonnen habe, interessiert ihn auch deshalb, weil die Sonne eine Allegorie für Christus und der Mond für die Kirche ist[9]. Abbos Interesse bezieht sich hingegen auf das Anfangsdatum als Beginn für die ihm wichtigen Zyklen, zu dem diese wieder zurückfinden werden[10].

2. Der ewige Kalender

Der ewige Kalender wurde nach van de Vyver von Abbo erfunden[11]. Außer in der Berliner Handschrift findet er sich in zwei späteren Handschriften wieder, in Paris BN lat. 12117[12] und Cod. Reg. lat. 309[13], die denselben Kalender wie das Manu-

9 Jones CC 123B, S. 290-291 Z. 25.

10 Vgl. A. Cordoliani, Abbon de Fleury, Hériger de Lobbes et Gerland de Besancon sur l'ère de l'incarnation de Denys le Petit, in: Revue d'Histoire Ecclésiastique 44 (1949), S. 463-487, hier S. 478 Z. 23-27.

11 Van de Vyver, Ouvres inédites, S. 151; die Funktionsweise ist sehr verständlich beschrieben in: Zemanek, Der Computus – Die Kirchenrechnung, S. 35-52, und 59.

12 Van de Vyver, Oeuvres inédites, S. 147 und 153, datiert diesen Codex auf Anfang des 12. Jh. C. Leonardi, I Codici di Marziano Capella, in: Aevum 34 (1960), S. 411-524, hier S. 441 Nr. 168 datiert ihn zwischen 1031 und 1060. Leonardi gibt als Herkunftsort Saint-Germain-des-Prés an.

13 Cod. Reg. lat. 309 habe ich selbst nicht eingesehen. Bei Saxl befindet sich in der Einführung auf Seite X jedoch eine Abbildung des März, die erken-

skript Berlin Phill. 1833 Bl. 23r-28v auf den Blättern 148v bis 160r enthalten[14], sich jedoch in einem bedeutsamen Punkt von diesem unterscheiden. An Stelle der römischen Zahlzeichen in der Berliner Handschrift wurden in dem Pariser Codex und dem römischen Codex griechische Zahlzeichen verwendet, die von Alpha bis Iota, von Iota/Alpha bis Kappa/Alpha und von Kappa/Alpha bis Kappa/Theta gezählt werden. Alpha erhält hierbei den Wert Eins, Beta den Wert Zwei, Gamma den Wert Drei usw.

Dieses Vorgehen könnte vermuten lassen, daß diesen beiden Handschriften eine ältere Fassung als Berlin Phill. 1833 gedient hat. Auf Grund der späteren Datierung kann diese Annahme jedoch nicht nachgewiesen werden[15]. Es ist jedoch davon auszugehen, daß das lateinische Mittelalter die Art und Weise des Zählens per Buchstaben aus der griechischen Spätantike übernommen hat und dieser Rückgriff auf das griechische Alphabet sich noch in vielen Handschriften spiegelt.

Aus der Kombination der griechischen Buchstaben könnte sich auch erkennen lassen, daß Beda Venerabilis für die Tabellen, die sein Werk von Anfang an begleitet haben[16], eventuell griechische Tabellen als Vorbild gedient haben, denn auch er wählte Buchstaben an Stelle von Zahlen als Elemente seiner Tabellen, kombinierte sie jedoch nicht, sondern versah sie mit Punkten und erhielt so gleichfalls drei Alphabete.

Die Zählweise ergibt sich dann wie folgt:

A	B	Γ	Δ	E	Σ	Z	H	Θ	I	IA
a	b	c	d	e	f	g	h	i	k	l
1	2	3	4	5	6	7	8	9	10	11

nen läßt, daß es sich auch hierbei um den ewigen Kalender handelt. Saxl datiert die Handschrift in das 11. Jahrhundert.

14 Gedruckt in: Migne PL 90, Sp. 787 – 800.

15 In meiner Dissertation bin ich trotz der späteren Datierung noch von der Annahme ausgegangen, daß die Verwendung der griechischen Buchstaben in den Codices Paris und Reg. lat. eine spätantike Vorlage wahrscheinlich macht.

16 Diese werden im folgenden besprochen.

IB	IΓ	IΔ	IE	IΣ	IZ	IH	IΘ	K	KA	KB
m	n	o	p	q	r	s	t	u	a.	b.
12	13	14	15	16	17	18	19	20	21	22.
KΓ	KΔ	KE	KΣ	KZ	KH	KΘ	λ	λA	λB	λΓ
c.	d.	e.	f.	g.	h.	i.	m.	n.	o.	p.
23	24	25	26	27	28	29	30	31	32	33
λΔ	λE	λΣ	λZ	λH	λΘ	μ	μA	μB	μΓ	
q.	r.	s.	t.	u.	.a	.b	.c	.d	.e	usw.
34	35	36	37	38	39	40	41	42	43	

Bevor auf die Tabellen Bedas näher eingegangen wird, soll die Funktionsweise des ewigen Kalenders erläutert werden. Dies wird das Verständnis für alle weiteren komputistischen Tabellen erleichtern.

Der Kalender kann unter der Voraussetzung benutzt werden, daß man entweder die goldene Zahl des gewünschten Jahres und seinen Sonntagsbuchstaben kennt oder das Jahr des Mondzyklus, was dasselbe wie die goldene Zahl ist, und die Epakte, d.i. das Mondalter.

Der Sonntagsbuchstabe beginnt im ersten Jahr des 19jährigen Zyklus mit A und wird für die sieben Tage der Woche bis G fortgeführt. Die Zuordnung von Wochentag und Buchstabe ändert sich dann im Laufe des Zyklus. Man kann den Wochentag leicht bestimmen, wenn man festgelegt hat, in welchem Jahr der erste Sonntag des Jahres durch welchen Buchstaben bezeichnet werden soll. Daher hat dieser Buchstaben auch seine Bezeichnung ‚Sonntagsbuchstabe'.

Um den Sonntagsbuchstaben eruieren zu können, hat man zahlreiche Tabellen angefertigt. In der Abbo-Handschrift waren hierfür das Septizodium[17], der Angelus[18] und die erste Zeile

17 Bl. 29r, in: Migne PL 90, Sp. 734 und 820; so auch in dem aus Regensburg stammenden Codex München 14456 Bl. 74r, der um 820 geschrieben wurde.

18 Berlin Phill. 1833 Bl. 5v; in: Migne PL 90, Sp. 743-744.

in der Rotula „Quae sit feria per XXVIII annos [...]„[19] vorgesehen.

Die goldene Zahl, die zu Abbos Zeiten noch nicht diesen Namen trägt, ist nichts anderes als das Jahr im 19jährigen Mondzyklus, das dem Kalenderjahr zuzuordnen ist. Man findet sie sehr leicht, indem man zu dem Kalenderjahr eins hinzuzählt und die Summe durch 19 teilt; der verbleibende Rest ergibt das Jahr des Zyklus.

Im ewigen Kalender wurden zwei getrennte Spalten für die Jahre des 19jährigen Mondzyklus angebracht. Die eine verläuft quer von 1 bis 19, die andere längs in der iulianischen Reihenfolge für den ewigen Kalender. Diese beiden Spalten dürfen jedoch bezüglich des ewigen Kalenders nicht in derselben Weise benutzt werden, das Resultat wäre Verwirrung und würde die bemerkenswerte Zusammenstellung der Tabellen verdunkeln.

Wenn man die quergeschriebenen Zahlen 1-19 als Jahre des Mondzyklus liest, bedeutet dies, daß die Epakte, d.i. das Alter des Mondes am Neujahrstag, im ersten Zyklusjahr 9 beträgt [20], im zweiten Jahr 20, da sich die Epakte jedes Jahr um 11 erhöht, usw. Nur für den Dezember des letzten Zyklusjahres gibt es eine Ausnahme: in diesem wird die Epakte nämlich um 12 erhöht, eine Abweichung, die sich aus der ungleichen Länge von Mond- und Sonnenjahr ergibt, die durch diesen „Mondsprung" ausgeglichen werden soll. Genau so kann man es auch in den Tabellen ablesen.

Zieht man jedoch die längsgeschriebene goldene Zahl heran[21], darf man die danebenstehende 9 nicht mehr als Epakte lesen, sondern muß sie als den 9. Januar lesen, der zu der goldenen Zahl 16 gehört, unter der man gleichfalls im Januar in der

19 Berlin Phill. 1833 Bl. 35v.

20 Nach der alten Zählung, bei der der erste Tag mitgezählt wird.

21 Abbo selbst hat den Ausdruck ‚goldene Zahl' allerdings noch nicht benutzt und wohl auch nicht gekannt.

JANUARIUS. PRIMUS MENSIS.

Numerus aureus			Decennovenalia. 1	2	3	4	5	6	7	8	9	10	11	12	13	14	15	16	17	18	19	Numerus dierum hujus mensis.	
16	A	Kalendæ	9		1		23		15		7		29		21		13		5		27	1	
5	b	vi non.		21		13		5		27		19		11		3		25		17		2	
13	c	v non.	11		3		25		17		9		1		23		15		7		29	3	
2	d	iv non.		23		15		7		29		21		13		5		27		19		4	
	e	iii non.	13		5		27		19		11		3		25		17		9		1	5	
10	f	ii non.		25		17		9		1		23		15		7		29		21		6	
	g	Nonæ	15		7		29		21		13		5		27		19		11		3	7	
18	A	viii idus		27		19		11		3		25		17		9		1		23		8	
7	b	vii idus	17		9		1		23		15		7		29		21		13		5	9	
	c	vi idus		29		21		13		5		27		19		11		3		25		10	
15	d	v idus	19		11		3		25		17		9		1		23		15		7	11	
4	e	iv idus		1		23		15		7		29		21		13		5		27		12	
	f	iii idus	21		13		5		27		19		11		3		25		17		9	13	
12	g	ii idus		3		25		17		9		1		23		15		7		29		14	
1	A	Idus	23		15		7		29		21		13		5		27		19		11	15	
	b	xvii kal.		5		27		19		11		3		25		17		9		1		16	
9	c	xvi kal.	25		17		9		1		23		15		7		29		21		13	17	
	d	xv kal.		7		29		21		13		5		27		19		11		3		18	
17	e	xiv kal.	27		19		11		3		25		17		9		1		23		15	19	
6	f	xiii kal.		9		1		23		15		7		29		21		13		5		20	
	g	xii kal.	29		21		13		5		27		19		11		3		25		17	21	
14	A	xi kal.		11		3		25		17		9		1		23		15		7		22	
3	b	x kal.	1		23		15		7		29		21		13		5		27		19	23	
	c	ix kal.		13		5		27		19		11		3		25		17		9		24	
11	d	viii kal.	3		25		17		9		1		23		15		7		29		21	25	
	e	vii kal.		15		7		29		21		13		5		27		19		11		26	
19	f	vi kal.	5		27		19		11		3		25		17		9		1		23	27	
8	g	v kal.		17		9		1		23		15		7		29		21		13		28	
	A	iv kal.	7		29		21		13		5		27		19		11		3		25	29	
16	b	iii kal.		19		11		3		25		17		9		1		23		15		30	
5	c	ii kal.	9		1		23		15		7		29		21		13		5		27	31	
11	d	Kalendæ		21		13		5		27		19		11		3		25		17		1	Februar
	e	iv non.	11		3		25		17		9		1		23		15		7		29	2	
19	f	iii non.		23		15		7		29		21		13		5		27		19		3	
8	g	ii non.	13		5		27		19		11		3		25		17		9		2	4	
	A	Nonæ		25		17		9		2		23		15		7		29		21		5	
16	b	viii idus	15		7		29		21		13		5		27		19		11		4	6	
5	c	vii idus		27		19		11		4		25		17		9		2		23		7	
	d	vi idus	17		9		2		23		15		7		29		21		13		6	8	
13	e	v idus		29		21		13		6		27		19		11		4		25		9	
	f	iv idus	19		11		4		25		17		9		2		23		15		8	10	
2	g	iii idus		2		25		15		8		29		21		13		6		27		11	
10	A	ii idus	21		13		6		27		19		11		4		25		17		10	12	
	b	Idus		4		25		17		10		2		23		15		8		20		13	
18	c	xvi kal.	23		25		8		29		21		13		6		27		19		12	14	
7	d	xv kal.		6		27		19		12		4		25		17		10		2		15	
	e	xiv kal.	25		27		10		2		23		15		8		29		21		14	16	
15	f	xiii kal.		8		29		21		14		6		27		19		12		4		17	
4	g	xii kal.	27		29		12		4		25		17		10		2		28		16	18	
	A	xi kal.		10		2		25		16		8		29		21		14		6		19	
12	b	x kal.	29		2		17		6		27		19		12		4		25		18	20	
1	c	ix kal.		12		4		25		16		10		2		23		16		8		21	
	d	viii kal.	2		4		16		8		29		21		14		6		27		20	22	
9	e	vii kal.		14		6		27		20		12		4		26		18		10		23	
	f	vi kal.	4		6		18		10		2		23		16		8		29		22	24	
17	g	v kal.		16		8		29		22		14		6		26		20		12		25	
6	A	iv kal.	6		8		20		12		4		25		18		10		2		24	26	
	b	iii kal.		18		10		2		24		16		8		29		22		14		27	
14	c	ii kal.	8		10		22		14		6		27		20		12		4		26	28	März
3	d	Kalendæ		20		12		4		26		18		10		2		24		16		1	
	e	vi non.	10		2		24		16		8		29		22		14		6		28	2	
11	f	v non.		22		14		6		28		20		12		4		26		18		3	
19	g	iv non.	12		4		26		18		10		2		24		16		8		30	4	
	A	iii non.		24		16		8		30		22		14		6		28		20		5	
8	b	ii non.	14		6		28		20		12		4		26		18		10		2	6	
16	c	Nonæ		26		18		10		2		24		16		8		30		22		7	
	d	viii idus	16		8		30		22		14		6		28		20		12		4	8	
5	e	vii idus		28		20		12		4		26		18		10		2		24		9	
13	f	vi idus	18		10		2		24		16		8		30		22		14		6	10	
	g	v idus		30		22		14		6		28		20		12		4		26		11	
2	A	iv idus	20		12		4		26		18		10		2		24		16		8	12	
10	b	iii idus		2		24		16		8		30		22		14		6		28		13	
	c	ii idus	22		14		6		28		20		12		4		26		18		10	14	
18	d	Idus		4		26		18		10		2		24		16		8		30		15	
	e	xvii kal.	24		16		8		30		22		14		6		28		20		12	16	
7	f	xvi kal.		6		28		20		12		4		26		18		10		2		17	
15	g	xv kal.	26		18		10		2		24		16		8		30		22		14	18	
	A	xiv kal.		8		30		22		14		6		28		20		12		4		19	
4	b	xiii kal.	28		20		12		4		26		18		10		2		24		16	20	
12	c	xii kal.		10		2		24		16		8		30		22		14		6		21	
	d	xi kal.	30		22		14		6		28		20		12		4		26		18	22	
14	e	x kal.		12		4		26		18		10		2		24		16		8		23	
9	f	ix kal.	2		24		16		8		30		22		14		6		28		20	24	
	g	viii kal.		14		6		28		20		12		4		26		18		10		25	
17	A	vii kal.	4		26		18		10		2		24		16		8		30		22	26	
6	b	vi kal.		16		8		30		22		14		6		28		20		12		27	
	c	v kal.	6		28		20		12		4		26		18		10		2		24	28	
14	d	iv kal.		18		10		2		24		16		8		30		22		14		29	
3	e	iii kal.	8		30		22		14		6		28		20		12		4		26	30	
	f	ii kal.		20		12		4		26		18		10		2		24		16		31	

APRILIS, MENSIS QUARTUS.

Numerus aureus			Decemnovenalia.																			Numerus dierum hujus mensis	
			1	2	3	4	5	6	7	8	9	10	11	12	13	14	15	16	17	18	19		
11	g	Kalendæ	10		2		24		16		8		30		22		14		6		28	1	
	A	iv non.		22		14		6		28		20		12		4		26		18		2	
19	b	iii non.	12		4		26		18		10		2		24		16		8		30	3	
*	c	ii non.		24		16		8		30		22		14		6		28		20		4	
	d	Nonæ	14		6		28		20		12		4		26		18		10		2	5	
16	e	viii idus		26		19		10		2		24		16		8		1		22		6	
5	f	vii idus	16		8		1		22		14		6		28		20		12		4	7	
	g	vi idus		28		20		12		4		26		18		10		3		25		8	
13	A	v idus	18		10		3		24		16		8		1		22		24		6	9	
2	b	iv idus		1		22		14		6		28		20		12		5		26		10	
	c	iii idus	20		12		5		26		18		10		3		24		16		8	11	
10	d	ii idus		3		24		16		8		1		22		14		7		28		12	
18	e	Idus	22		14		7		28		20		12		5		26		18		10	13	
	f	xviii kal.		5		26		18		10		3		24		16		9		1		14	
7	g	xvii kal.	24		16		9		1		22		14		7		28		20		12	15	
	A	xvi kal.		7		28		20		12		5		26		18		11		3		16	
15	b	xv kal.	26		18		11		3		24		16		9		1		22		14	17	
4	c	xiv kal.		9		1		22		14		7		28		20		13		5		18	
	d	xiii kal.	28		20		13		5		26		18		11		3		24		16	19	
12	e	xii kal.		11		3		24		16		9		1		22		15		7		20	
1	f	xi kal.	1		22		15		7		1		20		13		5		26		18	21	
	g	x kal.		13		5		26		18		11		3		24		17		9		22	
9	A	ix kal.	3		24		17		9		3		22		15		7		28		20	23	
17	b	viii kal.		15		7		28		20		13		5		26		19		11		24	
	c	vii kal.	5		26		19		11		5		24		17		9		1		22	25	
6	d	vi kal.		17		9		1		22		15		7		28		21		13		26	
14	e	v kal.	7		28		21		13		7		26		19		11		3		24	27	
	f	iv kal.		19		11		3		24		17		9		1		23		15		28	
3	g	iii kal.	9		1		23		15		9		28		21		13		3		28	29	
	A	ii kal.		21		13		5		26		19		11		3		25		17		30	
5	b	Kalendæ	11		3		25		17		9		1		23		13		7		28	1	Mai
	c	vi non.		23		15		7		28		21		13		5		27		19		2	
13	d	v non.	13		5		27		19		11		3		25		17		9		1	3	
	e	iv non.		25		17		9		1		23		15		7		29		21		4	
8	f	iii non.	15		7		29		21		13		5		27		19		11		3	5	
10	g	ii non.		27		19		11		3		25		17		9		1		23		6	
	A	Nonæ	17		9		1		23		15		7		29		21		13		5	7	
18	b	viii idus		29		21		13		5		27		19		11		3		23		8	
7	c	vii idus	19		11		3		25		17		9		1		23		15		7	9	
	d	vi idus		1		23		15		7		29		21		13		5		27		10	
15	e	v idus	21		13		5		27		19		11		3		25		17		9	11	
4	f	iv idus		3		25		17		9		1		23		15		7		29		12	
	g	iii idus	23		15		7		29		21		13		5		27		19		11	13	
13	A	ii idus		5		27		19		11		3		25		17		9		1		14	
1	b	Idus	25		17		9		1		23		15		7		29		21		13	15	
	c	xvii kal.		7		29		21		13		5		27		19		11		3		16	
9	d	xvi kal.	27		19		11		3		25		17		9		1		23		15	17	
	e	xv kal.		9		1		23		13		7		29		21		13		3		18	
17	f	xiv kal.	29		21		13		3		27		19		11		3		25		17	19	
6	g	xiii kal.		11		3		25		17		9		1		23		15		7		20	
	A	xii kal.	1		23		15		7		29		21		13		5		27		19	21	
14	b	xi kal.		13		5		27		19		11		3		25		17		9		22	
3	c	x kal.	3		25		17		9		1		23		15		7		29		21	23	
	d	ix kal.		15		7		29		21		13		5		27		19		11		24	
11	e	viii kal.	5		27		19		11		3		25		17		9		2		23	25	
19	f	vii kal.		17		9		1		23		15		7		29		21		13		26	
	g	vi kal.	7		29		21		13		5		27		19		11		4		25	27	
8	A	v kal.		19		11		3		25		17		9		1		23		15		28	
16	b	iv kal.	9		1		23		13		7		29		21		13		5		27	29	
	c	iii kal.		21		13		3		27		19		11		3		25		17		30	
5	d	ii kal.	11		3		25		17		9		1		23		15		7		29	31	
19	e	Kalendæ		23		15		7		29		21		13		5		27		19		1	Juni
8	f	iv non.	13		3		27		19		11		3		25		17		9		1	2	
	g	iii non.		25		17		9		1		23		15		6		29		21		3	
16	A	ii non.	15		7		29		21		13		5		27		19		11		3		
5	b	Nonæ		27		19		11		3		25		17		7		2		25		5	
	c	viii idus	17		9		2		23		15		7		29		21		13		5	6	
13	d	vii idus		29		21		13		5		27		19		9		4		25		7	
2	e	vi idus	19		11		4		25		17		9		2		23		15		7	8	
	f	v idus		2		23		15		7		29		21		11		6		27		9	
10	g	iv idus	21		13		6		27		19		11		4		25		17		9	10	
	A	iii idus		4		25		17		9		2		23		13		8		29		11	
18	b	ii idus	23		15		8		29		21		13		6		27		19		11	12	
7	c	Idus		6		27		19		11		4		25		15		10		2		13	
	d	xviii kal.	25		17		10		2		23		15		8		29		21		13	14	
13	e	xvii kal.		8		29		21		13		6		27		17		12		4		15	
4	f	xvi kal.	27		19		12		4		25		17		10		2		23		15	16	
	g	xv kal.		10		2		23		15		8		29		19		14		6		17	
12	A	xiv kal.	29		21		14		6		27		19		12		4		25		17	18	
1	b	xiii kal.		12		4		25		17		10		2		21		16		8		19	
	c	xii kal.	2		23		16		8		29		21		14		6		27		19	20	
3	d	xi kal.		14		6		27		19		12		4		23		18		10		21	
	e	x kal.	4		25		18		10		2		23		16		8		29		21	22	
17	f	ix kal.		16		8		29		21		14		6		25		20		12		23	
6	g	viii kal.	6		27		20		12		4		25		18		10		2		23	24	
	A	vii kal.		18		10		2		23		16		8		27		22		14		25	
14	b	vi kal.	8		29		22		14		6		27		20		12		4		25	26	
3	c	v kal.		20		12		4		25		18		10		29		24		16		27	
	d	iv kal.	10		2		24		16		8		29		22		14		6		27	28	
11	e	iii kal.		22		14		[illegible]		27		20		12		2		26		18		29	
19	f	ii kal.	12		4		26		18		10		2		24		16		8		29	30	

JULIUS, MENSIS SEPTIMUS.

Numerus aureus.			Decemnovenalis. 1	2	3	4	5	6	7	8	9	10	11	12	13	14	15	16	17	18	19	Numerus dierum hujus mensis.	
	g	Kalendæ		24		16		8		29		22		14		6		28		20		1	
8	A	vi non.	14		6		28		20		12		4		26		18		10		2	2	
16	b	v non.		26		18		10		2		24		16		8		30		22		3	
	c	iv non.	16		8		30		22		14		6		28		20		12		4	4	
5	d	iii non.		28		20		12		4		26		18		10		2		24		5	
13	e	ii non.	18		10		2		24		16		8		30		22		14		6	6	
	f	Nonæ		30		22		14		6		28		20		12		4		26		7	
2	g	viii idus	20		12		4		26		18		10		2		24		16		8	8	
	A	vii idus		2		24		16		8		30		22		14		6		28		9	
10	b	vi idus	22		14		6		28		20		12		4		26		18		10	10	
18	c	v idus		4		26		18		10		2		24		16		8		30		11	
	d	iv idus	24		16		8		30		22		14		6		28		20		12	12	
7	e	iii idus		6		28		20		12		4		26		18		10		2		13	
15	f	ii idus	26		18		10		2		24		16		8		30		22		14	14	
	g	Idus		8		30		22		14		6		28		20		12		4		15	
4	A	xvii kal.	28		20		12		4		26		18		10		2		24		16	16	
12	b	xvi kal.		10		2		24		16		8		30		22		14		6		17	
	c	xv kal.	30		22		14		6		28		20		12		4		26		18	18	
1	d	xiv kal.		12		4		26		18		10		2		24		16		8		19	
9	e	xiii kal.	2		24		16		8		30		22		14		6		28		20	20	
	f	xii kal.		14		6		28		20		12		4		26		18		10		21	
17	g	xi kal.	4		26		18		10		2		24		16		8		30		22	22	
	A	x kal.		16		8		30		22		14		6		28		20		12		23	
6	b	ix kal.	6		28		20		12		4		26		18		10		2		24	24	
14	c	viii kal.		18		10		2		24		16		8		30		22		14		25	
	d	vii kal.	8		30		22		14		6		28		20		12		4		26	26	
3	e	vi kal.		20		12		4		26		18		10		2		24		16		27	
11	f	v kal.	10		2		24		16		8		30		22		14		6		28	28	
	g	iv kal.		22		14		6		28		20		12		4		26		18		29	
19	A	iii kal.	12		4		26		18		10		2		24		16		8		30	30	
8	b	ii kal.		24		16		8		30		22		14		6		28		20		31	
	e	Kalendæ	14		6		28		20		12		4		26		18		10		2	1	August
	d	iv non.		26		18		10		2		24		16		8		1		22		2	
8	e	iii non.	16		8		1		22		14		6		28		20		12		4	3	
	f	ii non.		28		20		12		4		26		18		10		3		24		4	
13	g	Nonæ	18		10		3		24		16		8		1		22		14		6	5	
2	A	viii idus		1		22		14		6		28		20		12		5		26		6	
	b	vii idus	20		12		3		26		18		10		3		24		16		8	7	
10	c	vi idus		3		24		16		8		1		22		14		7		28		8	
	d	v idus	22		14		7		28		20		12		5		26		18		10	9	
18	e	iv idus		5		26		18		10		3		24		16		9		1		10	
7	f	iii idus	24		16		9		1		22		14		7		28		20		12	11	
	g	ii idus		7		28		20		12		5		26		18		11		3		12	
15	A	Idus	26		18		11		3		24		16		9		20		22		14	13	
4	b	xix kal.		9		1		22		14		7		28		20		13		5		14	
	c	xviii kal.	28		20		13		5		26		18		11		22		24		16	15	
12	d	xvii kal.		11		3		24		16		9		1		22		13		7		16	
1	e	xvi kal.	1		22		15		7		28		20		15		24		26		18	17	
	f	xv kal.		13		5		26		18		11		3		24		17		9		18	
9	g	xiv kal.	3		24		17		9		1		22		15		26		28		20	19	
17	A	xiii kal.		15		7		28		20		13		5		26		19		11		20	
	b	xii kal.	5		26		19		11		3		24		17		28		1		22	21	
6	c	xi kal.		17		9		1		22		15		7		27		21		12		22	
	d	x kal.	7		28		21		13		5		26		19		1		3		24	23	
14	e	ix kal.		19		11		3		24		17		9		29		23		15		24	
3	f	viii kal.	9		1		23		15		7		28		21		3		3		26	25	
	g	vii kal.		21		13		5		26		19		11		1		25		17		26	
11	A	vi kal.	11		3		23		17		9		1		23		5		7		28	27	
19	b	v kal.		23		15		7		28		21		13		3		27		19		28	
	c	iv kal.	13		5		27		19		11		3		25		7		9		2	29	
8	d	iii kal.		25		17		9		1		22		15		5		29		21		30	
16	e	ii kal.	15		7		29		21		13		5		27		9		1		3	31	
5	f	Kalendæ		27		19		11		3		25		17		9		1		23		1	September
	g	iv non.	17		9		1		23		15		7		29		21		13		5	2	
13	A	iii non.		29		21		13		5		27		19		11		3		25		3	
	b	ii non.	19		11		3		25		17		9		1		23		15		7	4	
2	c	Nonæ		1		23		15		7		29		21		13		5		27		5	
	d	viii idus	21		13		5		27		19		11		3		25		17		9	6	
10	e	vii idus		3		25		17		9		1		23		15		7		29		7	
18	f	vi idus	23		15		7		29		21		13		5		27		19		11	8	
	g	v idus		5		27		19		11		3		25		17		9		1		9	
7	A	iv idus	25		17		9		1		23		15		7		29		21		13	10	
15	b	iii idus		7		29		21		13		5		27		19		11		3		11	
	c	ii idus	27		19		11		3		25		17		9		1		23		15	12	
4	d	Idus		9		1		23		15		7		29		21		13		5		13	
12	e	xviii kal.	29		21		13		5		27		19		11		3		25		17	14	
	f	xvii kal.		11		3		25		17		9		1		23		15		7		15	
1	g	xvi kal.	1		23		15		7		29		21		13		5		27		19	16	
9	A	xv kal.		13		5		27		19		11		3		25		17		9		17	
	b	xiv kal.	3		25		17		9		1		23		15		7		29		21	18	
17	c	xiii kal.		15		7		29		21		13		5		27		19		11		19	
	d	xii kal.	5		27		19		11		3		25		17		9		1		23	20	
6	e	xi kal.		17		9		1		23		15		7		29		21		13		21	
14	f	x kal.	7		29		21		13		5		27		19		11		3		23	22	
	g	ix kal.		19		11		3		25		17		9		1		23		13		23	
3	A	viii kal.	9		1		23		15		7		29		21		15		3		27	24	
11	b	vii kal.		21		13		5		27		19		11		3		23		17		25	
	c	vi kal.	11		3		23		17		9		1		23		13		7		29	26	
19	d	v kal.		23		15		7		29		21		13		5		27		19		27	
8	e	iv kal.	13		3		27		19		11		3		23		17		9		1	28	
	f	iii kal.		23		17		9		1		23		15		7		29		21		29	
16	g	ii kal.	15		7		29		21		13		5		27		19		11		3	30	

OCTOBER, MENSIS DECIMUS.

			Decemnovenalis.																			Numerus dierum hujus mensis
			1	2	3	4	5	6	7	8	9	10	11	12	13	14	15	16	17	18	19	
5	A	Kalendae		27		19		11		3		25		17		9		1		23		1
	b	vi non.	17		9		1		23		15		7		29		21		13		5	2
13	c	v non.		29		21		13		5		27		19		11		3		25		3
	d	iv non.	19		11		2		25		17		9		2		23		15		7	4
2	e	iii non.		2		23		15		7		29		21		13		5		27		5
10	f	ii non.	21		13		4		27		19		11		4		25		17		9	6
	g	Nonae		4		25		17		9		2		23		15		7		29		7
18	A	viii idus	23		15		6		29		21		13		6		27		19		11	8
7	b	vii idus		6		27		19		11		4		25		17		9		2		9
	c	vi idus	25		17		8		2		23		15		8		29		21		13	10
15	d	v idus		8		29		21		13		6		27		19		11		4		11
4	e	iv idus	27		19		10		4		25		17		10		2		23		15	12
	f	iii idus		10		2		23		15		8		29		21		13		6		13
12	g	ii idus	29		21		12		6		27		19		12		4		25		17	14
1	A	Idus		12		4		25		17		10		2		23		15		8		15
	b	xvii kal.	2		23		14		8		29		21		14		6		27		19	16
9	c	xvi kal.		14		6		27		19		12		4		25		17		10		17
	d	xv kal.	4		25		16		10		2		23		16		8		29		21	18
17	e	xiv kal.		16		8		29		21		14		6		27		19		12		19
6	f	xiii kal.	6		27		18		12		4		25		18		10		2		23	20
	g	xii kal.		18		10		2		23		16		8		29		21		14		21
14	A	xi kal.	8		29		20		14		6		27		20		12		4		25	22
3	b	x kal.		20		12		4		25		18		10		2		23		16		23
	c	ix kal.	10		2		22		16		8		29		22		14		6		27	24
11	d	viii kal.		22		14		6		27		20		12		4		25		18		25
19	e	vii kal.	12		4		24		18		10		2		23		16		8		29	26
	f	vi kal.		24		16		8		29		22		14		6		27		20		27
8	g	v kal.	14		6		26		20		12		4		25		18		10		2	28
16	A	iv kal.		26		18		10		2		24		16		8		29		22		29
	b	iii kal.	16		8		28		22		14		6		27		20		12		4	30
5	c	ii kal.		28		20		12		4		26		18		10		2		24		31

November

			1	2	3	4	5	6	7	8	9	10	11	12	13	14	15	16	17	18	19	
13	d	Kalendae	18		10		2		24		16		8		30		22		14		6	1
2	e	iv non.		30		22		14		6		28		20		12		4		26		2
	f	iii non.	20		12		4		26		18		10		2		24		16		8	3
10	g	ii non.		2		24		16		8		30		22		14		6		28		4
	A	Nonae	22		14		6		28		20		12		4		26		18		10	5
13	b	viii idus		4		26		18		10		2		24		16		8		30		6
7	c	vii idus	24		16		8		30		22		14		6		28		20		12	7
	d	vi idus		6		28		20		12		4		26		18		10		2		8
15	e	v idus	26		18		10		2		24		16		8		30		22		14	9
4	f	iv idus		8		30		22		14		6		28		20		12		4		10
	g	iii idus	28		20		12		4		26		18		10		2		24		16	11
12	A	ii idus		10		2		24		16		8		30		22		14		6		12
1	b	Idus	2		22		14		6		28		20		12		4		26		18	13
	c	xviii kal.		12		4		26		18		10		2		24		16		8		14
9	d	xvii kal.	4		24		16		8		30		22		14		6		28		20	15
	e	xvi kal.		14		6		28		20		12		4		26		18		10		16
17	f	xv kal.	6		26		18		10		2		24		16		8		30		22	17
6	g	xiv kal.		16		8		30		22		14		6		28		20		12		18
	A	xiii kal.	8		28		20		12		4		26		18		10		2		24	19
14	b	xii kal.		18		10		2		24		16		8		30		22		14		20
3	c	xi kal.	10		30		22		14		6		28		20		12		4		26	21
	d	x kal.		20		12		4		26		18		10		2		24		16		22
11	e	ix kal.	12		2		24		16		8		30		22		14		6		28	23
	f	viii kal.		22		14		6		28		20		12		4		26		18		24
19	g	vii kal.	14		4		26		18		10		2		24		16		8		1	25
8	A	vi kal.		24		16		8		30		22		14		6		28		20		26
	b	v kal.	16		6		28		20		12		4		26		18		10		3	27
16	c	iv kal.		26		18		10		2		24		16		8		30		22		28
	d	iii kal.	18		8		30		22		14		6		28		20		12		5	29
5	e	ii kal.		28		20		12		4		26		18		10		2		24		30

Dezember

			1	2	3	4	5	6	7	8	9	10	11	12	13	14	15	16	17	18	19	
13	f	Kalendae	18		10		2		24		16		8		30		22		14	25	7	1
	g	iv non.		1		22		14		6		28		20		12		4		26		2
2	A	iii non.	20		12		4		26		18		10		2		24		16		9	3
10	b	ii non.		3		24		16		8		1		22		14		6		28		4
	c	Nonae	22		14		6		28		20		12		4		26		18		11	5
18	d	viii idus		5		26		18		10		3		24		16		8		1		6
7	e	vii idus	24		16		8		1		22		14		6		28		20		13	7
	f	vi idus		7		28		20		12		5		26		18		10		3		8
15	g	v idus	26		18		10		3		24		16		8		1		22		15	9
4	A	iv idus		9		1		22		14		7		28		20		12		5		10
	b	iii idus	28		20		12		5		26		18		10		3		24		17	11
12	c	ii idus		11		3		24		16		9		1		22		14		7		12
	d	Idus	1		22		14		7		28		20		12		5		26		19	13
1	e	xix kal.		13		5		26		18		11		3		24		16		9		14
9	f	xviii kal.	3		24		16		9		1		22		14		7		28		21	15
	g	xvii kal.		15		7		28		20		13		5		26		18		11		16
17	A	xvi kal.	5		26		18		11		3		24		16		9		1		23	17
6	b	xv kal.		17		9		1		22		15		7		28		20		13		18
	c	xiv kal.	7		28		20		13		5		26		18		11		3		25	19
14	d	xiii kal.		19		11		3		24		17		9		1		22		15		20
3	e	xii kal.	9		1		22		15		7		28		20		13		5		27	21
	f	xi kal.		21		13		5		26		19		11		3		24		17		22
11	g	x kal.	11		3		24		17		9		1		22		15		7		29	23
19	A	ix kal.		23		15		7		28		21		13		5		26		19		24
	b	viii kal.	13		5		26		19		11		3		24		17		9		2	25
8	c	vii kal.		25		17		9		1		23		15		7		28		21		26
16	d	vi kal.	15		7		28		21		13		5		26		19		11		4	27
	e	v kal.		27		19		11		3		25		17		9		1		23		28
5	f	iv kal.	17		9		1		23		15		7		28		21		13		6	29
	g	iii kal.		29		21		13		5		27		19		11		3		25		30
13	A	ii kal.	19		11		3		25		17		9		1		23		15		(8)	31

ersten Spalte längs bei der zweiten 16 den 7. Februar ablesen kann[22].

Diese Annahme ist, wie sich gleich zeigen wird, zwar problematisch. Aus ihr ergibt sich jedoch die einzige Weise, die goldene Zahl der Längsspalte richtig anzuwenden. Die Überprüfung für die jeweils erste goldene Zahl eines Monats an der linken Längsseite ergibt eine Reihenfolge, die keiner erkennbaren Ordnung folgt.

Für Januar und Februar wären die Tage in der ersten Spalte des Januar, für März/April in der dritten Spalte des März, für Mai/Juni in der sechsten Spalte des Mai, für Juli/August in der elften Spalte des Juli, für September/Oktober in der achten Spalte des September und für November/Dezember in der sechzehnten Spalte des November nachzulesen.

Des weiteren ist zu beachten, daß die Epakte Eins im Januar im dritten Zyklusjahr und die Epakte Zwei im Februar ebenfalls im dritten Zyklusjahr beginnt. Im März beginnt im dritten Zyklusjahr dann wieder die Epakte Eins und im April die Epakte Zwei. Im Mai muß man die Epakte Eins jedoch im elften Zyklusjahr suchen, und im Juni dort die Epakte Zwei. Im Juli und August sind die Epakten Eins und Zwei jeweils im neunzehnten Zyklusjahr zu finden. Für September und Oktober ist das sechzehnte Zyklusjahr einschlägig und für November und Dezember das fünfte.

Der ewige Kalender muß aber noch eine ganz andere Faszination ausgeübt haben, denn in ihm spiegelt sich die Vorstellung der ewigen Wiederkehr genauso wie die der Einheit und der Teil- und Erkennbarkeit der Welt. Für die Einheit wären die komputistischen Rotulae, bei denen Anfangs- und Endpunkt im Kreis nebeneinander liegen, zwar ein besseres Sinnbild gewesen; sie verkörpern aber nicht im gleichen Maße die Vorstellung von der Teilbarkeit und der Regelmäßigkeit der Zeit.

---

22 Die zweite 16 muß eine Zeile höher stehen; es handelt sich hier bei Migne um einen Druckfehler.

Anders der ewige Kalender, bei ihm beträgt die erste Epakte im ersten Jahr des 19jährigen Zyklus 9 und die letzte des Januar im ersten Zyklusjahr ebenfalls 9[23]. Die letzte Epakte des letzten Zyklusjahres im Dezember beträgt 8 und die des ersten Tages des Januar im ersten Zyklusjahr wieder 9. Selbst der Mondsprung im Dezember des letzten Zyklusjahres kann den einheitlichen, regelmäßigen Verlauf des Zyklus also nicht stören.

Die Wirkung, die diese fast gleichmäßig verlaufende Uhr auf den Benutzer erzielt haben muß, wird optisch noch verstärkt, indem sich in den Diagonalen die Zahlen entweder so abwechseln, daß die einstellige Zahl dieselbe wie die zweite Stelle der zweistelligen Zahl ist, also z. B. 3, 13, 23 oder, so daß auf eine Ziffer die nächsthöhere folgt, also auf die 21 die 2.

In der Handschrift Paris BN Cod. lat. 12117 wird diese Wirkung zusätzlich noch dadurch hervorgehoben, daß für jeden Monat auf der gegenüberliegenden Manuskriptseite ein Auszug der Epakten in der Diagonale abgeschrieben wurde, in dem sich in jeder Diagonalen dieselbe Zahlenfolge wiederholt. Die Diagonalen verlaufen hier jedoch von links oben nach rechts unten, so daß sich nicht dieselben Einerziffern in einer Diagonale wiederholen.

3. Die Beda-Tabellen

Ein weiteres Beispiel für die Verbindung von Arithmetik und Kalenderwissenschaft stellt die Tabelle zur Auffindung des Mondes im Zodiakos dar. Durch Bedas „De temporum ratione", in dessen 19. Kapitel sich diese Tabelle befindet, hat sie während des gesamten Mittelalters in fast allen komputistischen Schriften weite Verbreitung gefunden[24].

23 In jedem Monat und jedem Jahr sind die Anfangs- und Endepakten gleich.

Pagina Regularum

Aries	A			N	H	C				K	E				M	G	B			April.
Taurus		K	E				M	G	B			O	I	D				L	F	
Taurus	B			O	I	D				L	F	A			N	H	C			Mai.
Gemini		L	F	A			N	H	C				K	E				M	G	
Gemini	C				K	E				M	G	B			O	I	D			Jun.
Cancer		M	G	B			O	I	D				L	F	A			N	H	
Cancer	D				L	F	A			N	H	C				K	E			Jul.
Leo		N	H	C				K	E				M	G	B			O	I	
Leo	E				M	G	B			O	I	D				L	F	A		
Leo		O	I	D				L	F	A			N	H	C				K	Aug.
Virgo	F	A			N	H	C				K	E				M	G	B		
Virgo			K	E				M	G	B			O	I	D				L	Sept.
Libra	G	B			O	I	D				L	F	A			N	H	C		
Libra			L	F	A			N	H	C				K	E				M	Oct.
Scorpio	H	C				K	E				M	G	B			O	I	D		
Scorpio			M	G	B			O	I	D				L	F	A			N	Nov.
Sagit.	I	D				L	F	A			N	H	C				K	E		
Sagit.			N	H	C				K	E				M	G	B			O	
Sagit.	K	E				M	G	B			O	I	D				L	F	A	Dec.
Capr.			O	I	D				L	F	A			N	H	C				
Capr.	L	F	A			N	H	C				K	E				M	G	B	Jan.
Aquar.				K	E				M	G	B			O	I	D				
Aquar.	M	G	B			O	I	D				L	F	A			N	H	C	Feb.
Pisces				L	F	A			N	H	C				K	E				
Pisces	N	H	C				K	E				M	G	B			O	I	D	Mar.
Aries				M	G	B			O	I	D				L	F	A			
Aries	O	I	D				L	F	A			N	H	C				K	E	
	I	II	III	IIII	V	VI	VII	VIII	IX	X	XI	XII	XIII	XIIII	XV	XVI	XVII	XVIII	XVIIII	

Bedae, Opera de temporibus, Kapitel 19, S. 219

Auch hier läßt sich bei genauerer Betrachtung der Tabelle ein Buchstabenschema erkennen. Dieselbe Buchstabenkombinationen, z. B. OID, MGB, LFA, KE, NHC, wiederholen sich in der Diagonalen. Auch hier wird durch die regelmäßige Ordnung der Buchstaben wieder die Regelmäßigkeit des Zeitverlaufs repräsentiert. Ordnet man den in den Tabellen verwendeten Buchstaben A bis O aber die Zahlen 1 bis 14 zu, erhält man auch noch ein in sich stimmiges arithmetisches Schema:

---

24 So auch Berlin Phill. 1833 Bl. 31v und Paris BN Cod. lat. 12117 Bl. 160v, hier in Kreuzform.

I.	1 bis 14;14-4 = 10	XI.	5 bis 4;4+1 = 14
II.	10 bis 9;9-4 = 5	XII.	13-4 = 9
III.	5 bis 4;9+4 = 13	XIII.	9 bis 8;8-4 = 4
IV.	13 bis 12;12-4 = 8	XIV.	4 bis 3;3+9 = 12
V.	8 bis 7;7-4 = 3	XV.	12 bis 11;11-4 = 7
VI.	3 bis 2;2+10 = 12	XVI.	7 bis 6;6-4 = 2
VII.	12 bis 11;11-4 = 7	XVII.	2 bis 1;1+10 = 11
VIII.	7 bis 6;6-4 = 2	XVIII.	11 bis 10;10-4 = 6
IX.	5 bis 4;4+10 = 14	XIX.	6 bis 5 = 1
X.	10 bis 9;9-4 = 5		(Anfang)

Auch bei dieser Tabelle geht das Ende wieder in den Anfang über. Die erste Spalte wurde mit 14 Buchstaben begonnen, weil auf einen Mondmonat mit 27 Tagen 12 Monate bzw. 12 Sternzeichen verteilt werden mußten[25]; die zweite Spalte beginnt dann mit K, also 10, d. h. es wird 4 subtrahiert. Nur wenn man nicht subtrahieren kann, weil das Ergebnis Null oder eine negative Zahl wären, wird abwechselnd 9 oder 10 addiert.

Um die Tabelle benutzen zu können, muß man das aber nicht wissen. Die Tabelle war ja gerade für Benutzer erstellt worden, die nicht rechnen können. Wissen muß man allerdings, in welchem Zyklusjahr man sich befindet und in welchem Monat. Mit Hilfe der Tabelle kann man dann Sternzeichen und Buchstaben herausfinden, die für den Mondverlauf maßgebend sind. Man müßte dann aber auch noch eine weitere Tabelle haben, um die Bedeutung des Buchstabens nachschlagen zu können.

Einen ähnlichen Aufbau weist die Tabelle Berlin Phill. 1833 Bl. 42v – 43r[26] auf, die eine Kombination der soeben besprochenen Tabelle mit einer Konkurrententafel darstellt[27]. Die

25 14 x 2 ist 28, trotzdem ist die Mignetabelle Sp. 757-758 in PL 90 mit 28 Spalten falsch, weil von den 12 Sternzeichen neun zweimal und drei dreimal auf die Monate verteilt werden.

26 So auch Jones, Pseudepigrapha, S. 62. Diese Tabelle findet sich allerdings nicht bei Beda.

27 Migne PL 90, Sp. 737-738.

Konkurrente oder Sonnenepakte wird von 1 (= Sonntag) bis 7 (= Montag) durchgezählt, um den Wochentag des 24. März angeben zu können, der sich jedes Jahr um eins verschiebt. Um innerhalb des 19jährigen Zyklus, in dem durchschnittlich 4,75 Schalttage stattfinden, diese berücksichtigen zu können, wurden in jedem 19jährigen Zyklus 4 oder 5 Schalttage berücksichtigt, was dadurch angezeigt wurde, daß eine Ziffer übersprungen wurde. In einer Tabelle, die für 19 mal 28 = 532 Jahre angelegt wurde, ergibt dies wiederum Verschiebungen, die in den Diagonalen von links oben nach rechts unten sichtbar werden.

Einer anderen Tabelle, die sich ebenfalls bei Beda für diejenigen befindet, die nicht rechnen können, liegt erneut eine einfache Arithmetik zugrunde.

I.	II.
1.) (.12-.19).8 Buchstaben	(.1-.19).19
2.) (1-20) 20 Buchstaben	(1-20) 20
3.) (1-20) 20 Buchstaben	(1-20) 20
4.) (1-.11).11 Buchstaben	
addiert = 59 Buchstaben	+ = 59

III.	IV.	V.
1.)(1-20) 20	(9-19).11	(18-20) 3
2.)(1-20) 20	(1-20) 20	(1-19) .19
3.)(.1-.19) .19	(1-20) 20.	(1-20) 20
4.)	(1-8) .8	(1-17) 17.
+ = 59	+ = 59	+ = 59

VI.	VII.	VIII.
1.)(17-19) .3	(6-19) .14	(12-20) 9.
2.)(1-20) 20	(1-20) 20	(1-20) .19
3.)(1-20) 20.	(1-20) 20.	(1-20) 20
4.)(1-16) .16	(1-5) .5	(1-14) 14
+ = 59	+ = 59	+ = 59

IX.	X.	XI.
1.)(14-19) .6	(3-19) .17	(12-20) 9.

2.)(1-20) 20	(1-20) 20	(1-19) .19
3.)(1-20) 20.	(1-20) 20.	(1-20) 20
4.)(1-13) .13	(1-2) .2	(1-11) 11.
+ = 59	+ = 59	+ = 59
XII.	XIII.	XIV.
1.)(11-19 .9	(20) 1.	(19) .1
2.)(1-20) 20	(1-19) .19	(1-20) 20
3.)(1-20) 20.	(1-20) 20	(1-20) 20.
4.)(1-10) .10	(1-19) 19.	(1-18) .18
+ = 59	+ = 59	+ = 59
XV.	XVI.	XVII.
1.)(8-19) .12	(17-20) 4.	(16-19) .4
2.)(1-20) 20	(1-19) 19	(1-20) 20
3.)(1-20) 20.	(1-20) 20	(1-20) 20.
4.)(1-7) .7	(1-16) 16.	(1-15) .15
+ = 59	+ = 59	+ = 59
XVIII.	XVIIII.	
1.)(5-19) .15	(14-20) 7.	
2.)(1-20) 20	(1-19) .19	
3.)(1-20) 20	(1-20) 20	
4.)(1-4) .4	(1-13) 13.	
+ = 59	+ = 59	

Jede Spalte der 19 Jahresspalten, an denen man das Alter des Mondes ablesen kann, besteht aus drei Alphabeten: a-u, .a-.u und a.-u.. Mit demjenigen Alphabet, mit dem eine Jahresspalte beginnt, endet sie auch wieder; dazwischen befinden sich je zwei Alphabete, die 1 bis 20 durchlaufen, während das Alphabet, mit dem begonnen wurde und mit dem geendet wird, zusammen 19 Buchstaben umfaßt. Insgesamt enthält also jede Jahresspalte 59 Buchstaben für einen Mondmonat mit 30 Tagen und einen mit 29 Tagen.

Aetas Lunae in Alphabetis Distincta

	I	II	III	IIII	V	VI	VII	VIII	IX	X	XI	XII	XIII	XIIII	XV	XVI	XVII	XVIII	XIX
I	.m	.a	a	.i	s.	.r	.f	p.	.o	.c	m.	.l	u.	.t	.h	r.	.q	.e	o.
II	.n	.b	b	.k	t.	.s	.g	q.	.p	.d	n.	.m	.a	a	.i	s.	.r	.f	p.
III	.o	.c	c	.l	u.	.t	.h	r.	.q	.e	o.	.n	.b	b	.k	t.	.s	.g	q.
IIII	.p	.d	d	.m	.a	a	.i	s.	.r	.f	p.	.o	.c	c	.l	u.	.t	.h	r.
V	.q	.e	e	.n	.b	b	.k	t.	.s	.g	q.	.p	.d	d	.m	.a	a	.i	s.
VI	.r	.f	f	.o	.c	c	.l	u.	.t	.h	r.	.q	.e	e	.n	.b	b	.k	t.
VII	.s	.g	g	.p	.d	d	.m	.a	a	.i	s.	.r	.f	f	.o	.c	c	.l	u.
VIII	.t	.h	h	.q	.e	e	.n	.b	b	.k	t.	.s	.g	g	.p	.d	d	.m	.a
IX	a	.i	i	.r	.f	f	.o	.c	c	.l	u.	.t	.h	h	.q	.e	e	.n	.b
X	b	.k	k	.s	.g	g	.p	.d	d	.m	.a	a	.i	i	.r	.f	f	.o	.c
XI	c	.l	l	.t	.h	h	.q	.e	e	.n	.b	b	.k	k	.s	.g	g	.p	.d
XII	d	.m	m	a	.i	i	.r	.f	f	.o	.c	c	.l	l	.t	.h	h	.q	.e
XIII	e	.n	n	b	.k	k	.s	.g	g	.p	.d	d	.m	m	a	.i	i	.r	.f
XIIII	f	.o	o	c	.l	l	.t	.h	h	.q	.e	e	.n	n	b	.k	k	.s	.g
XV	g	.p	p	d	.m	m	a	.i	i	.r	.f	f	.o	o	c	.l	l	.t	.h
XVI	h	.q	q	e	.n	n	b	.k	k	.s	.g	g	.p	p	d	.m	m	a	.i
XVII	i	.r	r	f	.o	o	c	.l	l	.t	.h	h	.q	q	e	.n	n	b	.k
XVIII	k	.s	s	g	.p	p	d	.m	m	a	.i	i	.r	r	f	.o	o	c	.l
XIX	l	.t	t	h	.q	q	e	.n	n	b	.k	k	.s	s	g	.p	p	d	.m
XX	m	a	u	i	.r	r	f	.o	o	c	.l	l	.t	t	h	.q	q	e	.n
XXI	n	b	a.	k	.s	s	g	.p	p	d	.m	m	a	u	i	.r	r	f	.o
XXII	o	c	b.	l	.t	t	h	.q	q	e	.n	n	b	a.	k	.s	s	g	.p
XXIII	p	d	c.	m	a	u	i	.r	r	f	.o	o	c	b.	l	.t	t	h	.q
XXIIII	q	e	d.	n	b	a.	k	.s	s	g	.p	p	d	c.	m	a	u	i	.r
XXV	r	f	e.	o	c	b.	l	.t	t	h	.q	q	e	d.	n	b	a.	k	.s
XXVI	s	g	f.	p	d	c.	m	a	u	i	.r	r	f	e.	o	c	b.	l	.t
XXVII	t	h	g.	q	e	d.	n	b	a.	k	.s	s	g	f.	p	d	c.	m	a
XXVIII	u	i	h.	r	f	e.	o	c	b.	l	.t	t	h	g.	q	e	d.	n	b
XXIX	a.	k	i.	s	g	f.	p	d	c.	m	a	u	i	h.	r	f	e.	o	c
XXX	b.	l	k.	t	h	g.	q	e	d.	n	b	a.	k	i.	s	g	f.	p	d
I	c.	m	l.	u	i	h.	r	f	e.	o	c	b.	l	k.	t	h	g.	q	e
II	d.	n	m.	a.	k	i.	s	g	f.	p	d	c.	m	l.	u	i	h.	r	f
III	e.	o	n.	b.	l	k.	t	h	g.	q	e	d.	n	m.	a.	k	i.	s	g
IIII	f.	p	o.	c.	m	l.	u	i	h.	r	f	e.	o	n.	b.	l	k.	t	h
V	g.	q	p.	d.	n	m.	a.	k	i.	s	g	f.	p	o.	c.	m	l.	u	i
VI	h.	r	q.	e.	o	n.	b.	l	k.	t	h	g.	q	p.	d.	n	m.	a.	k
VII	i.	s	r.	f.	p	o.	c.	m	l.	u	i	h.	r	q.	e.	o	n.	b.	l
VIII	k.	t	s.	g.	q	p.	d.	n	m.	a.	k	i.	s	r.	f.	p	o.	c.	m
IX	l.	u	t.	h.	r	q.	e.	o	n.	b.	l	k.	t	s.	g.	q	p.	d.	n
X	m.	a.	u.	i.	s	r.	f.	p	o.	c.	m	l.	u	t.	h.	r	q.	e.	o
XI	n.	b.	.a	k.	t	s.	g.	q	p.	d.	n	m.	a.	u.	i.	s	r.	f.	p
XII	o.	c.	.b	l.	u	t.	h.	r	q.	e.	o	n.	b.	.a	k.	t	s.	g.	q
XIII	p.	d.	.c	m.	a.	u.	i.	s	r.	f.	p	o.	c.	.b	l.	u	t.	h.	r
XIIII	q.	e.	.d	n.	b.	.a	k.	t	s.	g.	q	p.	d.	.c	m.	a.	u.	i.	s
XV	r.	f.	.e	o.	c.	.b	l.	u	t.	h.	r	q.	e.	.d	n.	b.	.a	k.	t
XVI	s.	g.	.f	p.	d.	.c	m.	a.	u.	i.	s	r.	f.	.e	o.	c.	.b	l.	u
XVII	t.	h.	.g	q.	e.	.d	n.	b.	.a	k.	t	s.	g.	.f	p.	d.	.c	m.	a.
XVIII	u.	i.	.h	r.	f.	.e	o.	c.	.b	l.	u	t.	h.	.g	q.	e.	.d	n.	b.
XIX	.a	k.	.i	s.	g.	.f	p.	d.	.c	m.	a.	u.	i.	.h	r.	f.	.e	o.	c.
XX	.b	l.	.k	t.	h.	.g	q.	e.	.d	n.	b.	.a	k.	.i	s.	g.	.f	p.	d.
XXI	.c	m.	.l	u.	i.	.h	r.	f.	.e	o.	c.	.b	l.	.k	t.	h.	.g	q.	e.
XXII	.d	n.	.m	.a	k.	.i	s.	g.	.f	p.	d.	.c	m.	.l	u.	i.	.h	r.	f.
XXIII	.e	o.	.n	.b	l.	.k	t.	h.	.g	q.	e.	.d	n.	.m	.a	k.	.i	s.	g.
XXIIII	.f	p.	.o	.c	m.	.l	u.	i.	.h	r.	f.	.e	o.	.n	.b	l.	.k	t.	h.
XXV	.g	q.	.p	.d	n.	.m	.a	k.	.i	s.	g.	.f	p.	.o	.c	m.	.l	u.	i.
XXVI	.h	r.	.q	.e	o.	.n	.b	l.	.k	t.	h.	.g	q.	.p	.d	n.	.m	.a	k.
XXVII	.i	s.	.r	.f	p.	.o	.c	m.	.l	u.	i.	.h	r.	.q	.e	o.	.n	.b	l.
XXVIII	.k	t.	.s	.g	q.	.p	.d	n.	.m	.a	k.	.i	s.	.r	.f	p.	.o	.c	m.
XXIX	.l	u.	.t	.h	r.	.q	.e	o.	.n	.b	l.	.k	t.	.s	.g	q.	.p	.d	n.

Bedae, Opera de temporibus, S. 225 (So auch Migne PL 90, Sp. 755-756; Beda, S. 354 und Berlin Phill. 1833 Bl. 29v-30r (in Berlin allerdings Spalten als Zeilen und umgekehrt, außerdem ist die Tabelle nicht vollständig).)

4. Weitere komputistische Tabellen

Die zahlreichen anderen komputistischen Tabellen, die sich in der Sammelhandschrift Berlin Phill. 1833 befinden, sind fast alle Epakten- oder Konkurrententabellen. Diese Orientierung war schon von Beda eingeleitet worden. Bei ihm hatte die Beobachtung, mit deren Hilfe die Juden das Mondalter 14 für

Pascha bestimmt hatten, schon keine Rolle mehr gespielt. Beda hatte für die Osterfestbestimmung allein eine Rechnung, die von Epakten ausgeht, angegeben[28].

Er war es auch, der durch seine Autorität für die Berechnung des Osterdatums als locus concurrentium den 24. März festgeschrieben hatte, da dieser, nahe an Ostern, für die Bestimmung des Wochentages des 14. Mondes am einfachsten herangezogen werden könne[29].

Abbo hat diese Regeln sowohl in seinem Brief an Giraldus und Vitalis als auch mit seinen zahlreichen Epakten- und Konkurrententafeln übernommen, von denen hier nur die interessantesten besprochen und die restlichen nur angeführt werden sollen.

Tabellen und Rotulae zu den Mondepakten:
Berlin Phill. 1833 gedruckt in Migne PL 90:

I. Bl. 30r	Sp. 805-808 Ordo Solaris(!), Epakten
II. Bl. 31r	Sp. 803-804 (2. Tabelle) 59 Tage-Rythmus des Mondes
III.Bl. 32v	Sp. 805-806 (1. Tabelle)
IV. Bl. 34r	Sp. 802 Mondalter; in der Handschrift in Kreuzform
V. Bl. 35r	Sp. 753-754; in der HS in Kreuzform
VI. Bl. 35r	Sp. 731-732 De recursu epactarum; in der HS in Kreuzform
VII. Bl. 39rS	p. 753-754 Mondalter und Tierkreiszeichen
VIII. Bl. 40r-v	Sp. 815-816
Bl. 41r-v	Sp. 815-816
Bl. 41v-42r	Sp. 749-750 Epakten, Wochentage und Iden und Kalenden

28 Jones, CC 123B, Kap. LVIX, S. 447-448.
29 Jones, CC 123B, Kap. LIII, S. 442.

Decemnovalis dinumeratio in latitudine, sed trigenalis in longitudine.

	1	2	3	4	5	6	7	8	9	10	11	13	14	15	16	17	18	19	
9	A		e		c		g		b				d		h		c		8
10		c		i		d		b		f	A	a		e		c		a	9
11	b		f		d		h		c				e		i		d		10
12				a		e		c		g		b		f		d		b	11
13	c		g		e		i		d		b		f		a		e		12
14		g		b		f		d		h		c		g		e		c	13
15	d		h		f		a		e		c		g		b		f		14
16		h		c		g		e		i		d		h		f		d	15
17	e		i		g		b		f		d		b		c		g		16
18		i		d		h		f		a		e		i		g		e	17
19	f		k		h		e		g		e		i		d		h		18
20		a		e		i		g		b		f		k		h		f	19
21	g		l		i		d		h		f		a		e		i		20
22		b		f		k		h		c		g		l		i		g	21
23	h		m		a		e		i		g		b		f		k		22
24		c		g		l		i		d		h		m		a		h	23
25	i		n		b		f		k		h		c		g		l		24
26		d		h		m		a		e		i		n		b		i	25
27	k		o		c		g		l		i		d		h		m		26
28		e		i		n		b		f		k		o		c		a	27
29	l		p		d		h		m		a		e		i		n		28
30		f		k		o		c		g		l		p		d		d	29
1	m		q		c		i		n		b		f		k		o		1
2		g		l		p		d		h		m		q		e		c	2
3	n		r		f		k		o		c		g		l		p		3
4		h		m		q		e		i		n		r		f		d	4
5	o		s		g		l		p		d		h		m		q		5
6		i		n		r		f		k		o		s		g		e	6
7	p		t		h		m		q		e		i		n		r		7
8		k		o		s		g		l		p		t		h		f	8

Migne PL 90, Sp. 805-808 (Tabelle I)

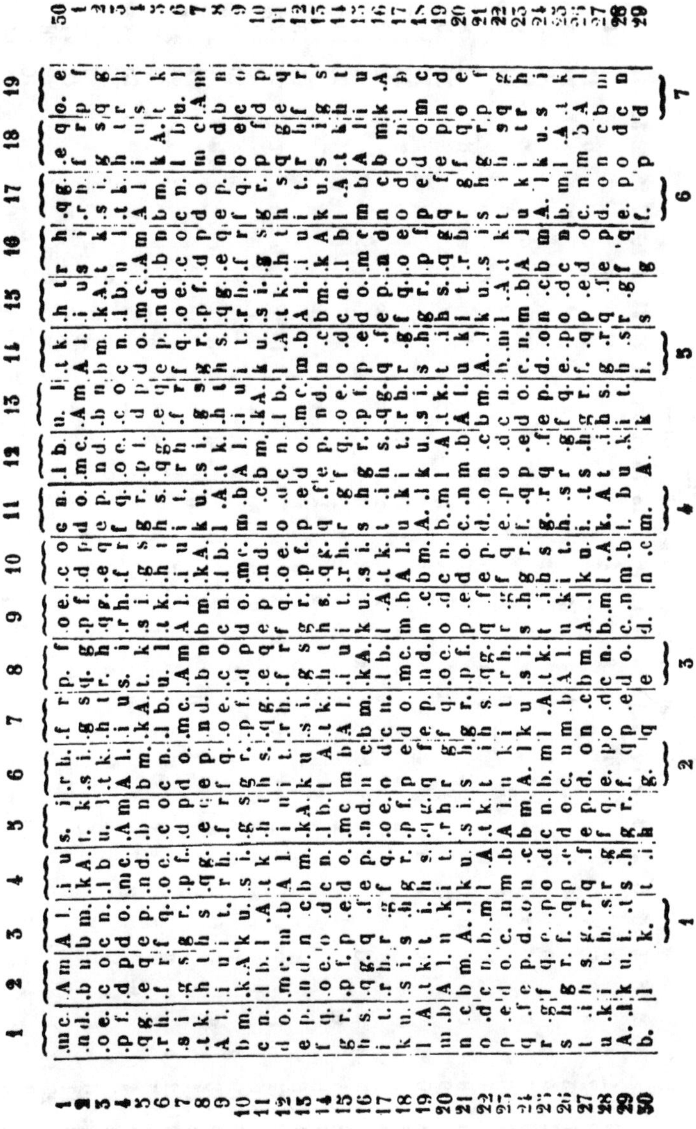

Migne PL 90, Sp. 803-804, 2. Tabelle (Tabelle II)

Tabelle I ist ähnlich aufgebaut wie der ewige Kalender: der erste Tag im ersten Zyklusjahr hat wieder den Buchstaben A, also 1 erhalten und bekam die Epakte Neun an der Seite zuge-

Ætas lunæ a Kalendis Januariis invenienda.

Dinumeratio trigenaria æqualis quadraturæ.

Epact.	Ætas lunæ.	1	2	3	4	5	6	7	8	9	10	11	12	13	14	15	16	17	18	19	20	21	22	23	24	25	26	27	28	29	30	Epact.	Dinumeratio trigenaria æqualis quadraturæ.
9	1	a			k			i			h			g			f			e			d			c			b			2	1
20	12		a			k			i			h			g			f			e			d			c			b		13	2
1	23			a			k			i			h			g			f			e			d			c			b	24	3
12	4	b			a			k			i			h			g			f			e			d			c			5	4
23	15		b			a			k			i			h			g			f			e			d			c		16	5
4	26			b			a			k			i			h			g			f			e			d			c	27	6
15	7	c			b			a			k			i			h			g			f			e			d			8	7
26	18		c			b			a			k			i			h			g			f			e			d		19	8
7	29			c			b			a			k			i			h			g			f			e			d	30	9
18	10	d			c			b			a			k			i			h			g			f			e			11	10
29	21		d			c			b			a			k			i			h			g			f			e		22	11
10	2			d			c			b			a			k			i			h			g			f			e	3	12
21	13	e			d			c			b			a			k			i			h			g			f			14	13
2	24		e			d			c			b			a			k			i			h			g			f		25	14
13	5			e			d			c			b			a			k			i			h			g			f	6	15
24	16	f			e			d			c			b			a			k			i			h			g			17	16
5	27		f			e			d			c			b			a			k			i			h			g		28	17
16	8			f			e			d			c			b			a			k			i			h			g	9	18
27	19	g			f			e			d			e			b			a			k			i			h			20	19
8	30		g			f			e			d			c			b			a			k			i			h		1	20
19	11			g			f			e			d			c			b			a			k			i			h	12	21
30	22	h			g			f			e			d			c			b			a			k			i			23	22
11	3		h			g			f			e			d			c			b			a			k			i		4	23
22	14			h			g			f			e			d			c			b			a			k			i	15	24
3	25	i			h			g			f			e			d			c			b			a			k			26	25
14	6		i			h			g			f			e			d			c			b			a			k		7	26
25	17	k		i			h			g			f			e			d			c			b			a			k	18	27
6	27	k			i			h			g			f			e			d			c			b			a			29	28
17	9		k			i			h			g			f			e			d			c			b			a		10	29
28	20			k			i			h			g			f			e			d			c			b			a	21	30

Argumentum quota sit luna.

Migne PL 90, Sp. 805-806 (Tabelle III)

ordnet. Der entscheidende Unterschied besteht jedoch darin, daß die Epakte nicht, wie im ewigen Kalender, um 11 erhöht wird, sondern, daß die Epaktenabfolge quasi nur für das erste und letzte Zyklusjahr vorgeführt wird. Die letzte Epakte in der zweiten Spalte hört nämlich für das 19. Zyklusjahr wieder richtig mit 8 auf. Im Berliner Codex weisen die Buchstaben zusätzlich noch dieselbe Punktierung auf, mit der drei Buchstabenalphabete erzeugt werden können – wie wir es auch schon in der „griechischen" bzw. bedanischen Variante der Tabellenerstellung gesehen haben.

Tabelle II wurde wieder, wie Tabelle I, mit zwei Epaktenreihen ausgestattet, die in diesem Fall nicht mit 9 für das erste Zyklusjahr beginnt, sondern mit 1. Bei Epakte Neun wurde wieder richtig ein A für Eins danebengeschrieben. Diese Tabelle weist außerdem für jedes Jahr des 19jährigen Zyklus zwei Spalten auf, über deren Bedeutung jedoch keine rechte Klarheit herrscht. Sicher ist, daß damit der fast regelmäßige Wechsel der Wochentage dokumentiert werden sollte. Man sieht dies an der Wiederkehr einer Zahl in einem darauffolgenden Jahr.

Bei Tabelle III befindet sich ebenfalls eine Epaktentabelle am Rand. In dieser wurden die Epakten aber von Zeile zu Zeile für jedes Jahr um 11 erhöht, was bedeutet, daß sie für 60 Jahre angelegt wurde. Diese für komputistische Zyklen ungewöhnliche Zahl ergibt sich aus der Tatsache, daß man die Mondepakten neben eine Tabelle gesetzt hat, die ursprünglich 30 auf 30 Tage angelegt wurde.

Tabellen zu den Sonnenkonkurrenten

Berliner-HS	gedruckt in Migne PL 90:
I. Bl. 29r	Sp. 734 und 820 Ciclus solaris
II. Bl. 35r	Sp. 259-260 Konkurrenten
III. Bl. 35 v	Sp. 731-732 De recursu concurrentium, in der HS in Kreisform
IV. Bl. 35v	Sp. 819 Konkurrenten und Schaltjahre, in der HS in Kreisform

Tabelle I zeigt die gleichmäßige Abfolge der Wochentage in sieben Tagen verteilt auf sieben Jahre. Mit demjenigen Buchstaben, mit dem die Tabelle beginnt, wird sie nach Ablauf von sieben Jahren enden und im achten Jahr wieder beginnen.

Septizodium.

Sabbato,	**a**	**g**	**f**	**e**	**d**	**c**	**b**
Dominica,	**b**	**a**	**g**	**f**	**e**	**d**	**c**
Feria secunda,	**c**	**b**	**a**	**g**	**f**	**e**	**d**
Feria tertia,	**d**	**c**	**b**	**a**	**g**	**f**	**e**
Feria quarta,	**e**	**d**	**c**	**b**	**a**	**g**	**f**
Feria quinta,	**f**	**e**	**d**	**c**	**b**	**a**	**g**
Feria sexta,	**g**	**f**	**e**	**d**	**c**	**b**	**a**

Migne PL 90, Sp. 734 (Tabelle I)

In Tabelle IV wurde die Abfolge der Konkurrenten mit der der Schaltjahre kombiniert und für 12 Monate in 28 Jahren dargestellt.

Bissextiles.	Concurrentes.	Januarius.	Februarius.	Martius.	Aprilis.	Maius.	Junius.	Julius.	Augustus.	September.	October.	November.	December.	Anni 18.
	2	3▼	6▼	6	2	4	7	2	5	1	3	6	1	1
	2	4	7	7	3	5	1	3	6	2	4	7	2	2
	3	5	1	1	4	6	2	4	7	3	5	1	3	3
b	5	6	2	3▼	6▽	1▽	4	6▽	2▽	5▽	7▽	3▽	3▼	4
	6	1▼	4▼	4	7	2	5	7	3	6	1	4	6	5
	7	2	5	5	1	3	6	1	4	7	2	5	7	6
	1	3	6	6	2	4	7	2	5	1	3	6	1	7
b	3	4	7	1▼	4▽	6▽	2▽	4▽	7▽	3▽	5▽	1▽	3▼	8
	4	6▼	2▼	2	5	7	3	5	1	4	6	2	4	9
	5	7	3	3	6	1	4	6	2	5	7	3	5	10
	6	1	4	4	7	2	5	7	3	6	1	4	6	11
b	1	2	5	6▼	2▽	4▽	7▽	2▽	5▽	1▽	3▽	6▽	1▼	12
	2	4▼	7▽	7	3	5	1	3	6	2	4	7	2	13
	3	5	1	1	4	6	2	4	7	3	5	1	3	14
	4	6	2	2	5	7	3	5	1	4	6	2	4	15
b	6	7	3	4▼	7▽	2▽	5▽	7▽	3▽	6▽	1▼	4▽	6▼	16
	7	2▼	5▼	5	1	3	6	1	4	7	2	5	7	17.
	1	5	6	6	2	4	7	2	5	1	3	6	1	18
	2	4	7	7	3	5	1	3	6	2	4	7	2	19
b	4	5	1	2▼	5▽	7▽	3▽	5▽	1▽	4▽	6▽	2▽	4▼	20
	5	7▼	3▼	3	6	1	4	6	2	5	7	3	5	21
	6	1	4	4	7	2	5	7	3	6	1	4	6	22
	7	2	5	5	1	3	6	1	4	7	2	5	7	23
b	2	3	6	7▼	3▽	5▽	1▽	3▽	6▽	2▽	4▽	7▽	2▼	24
	3	5▼	7▼	1	4	6	2	4	7	3	5	1	3	25
	4	6	2	2	5	7	3	5	1	4	6	2	4	26
	5	7	3	3	6	1	4	6	2	5	7	3	5	27
b	7	1	4	5▼	1▽	3▽	6▽	1▽	4▼	7▽	1▽	5▽	7▼	28

Migne PL 90, Sp. 819-820 (Tabelle IV)

Interessant ist in der Sammlung komputistischer Tabellen auch diejenige auf Bl. 34v, die in Migne PL 90, Sp. 735-736 abgedruckt ist. In ihr wurde eine Tabelle zu den Sonnenkonkurrenten mit einer für das Mondalter kombiniert.

Eine dritte Gruppe von Tabellen umfaßt die Kalendarien:

Berliner-HS	gedruckt in Migne PL 90:
I. Bl. 33r	Sp. 809 Wochentage und Kalenden
II. Bl. 40r-40v	Sp. 815-816, 817-818 Wochentage und Kalenden, aber auch Mondalter
Bl. 40v-41r	Sp. 751-752
Bl. 41v-42r	Sp. 751-752
III. Bl. 44v	Sp. 807-808 2. Tabelle

Die Tabellen der drei großen Zyklen Bl. 46r-52v (Migne PL 90, Sp. 859ff) fassen schließlich die Daten der drei Gruppen zusammen.

Abbo ist während seines Lebens lange Zeit Lehrer gewesen. Könnten es also didaktische Überlegungen gewesen sein, die ihn dazu veranlaßt haben, so viele Tabellen zu demselben Zweck und nach derselben Methode zusammenzustellen? Eine große Anzahl Geistlicher mußte einen Einblick in die Komputistik bekommen, wenn sie Ostern richtig berechnen wollten. Dennoch dürfte dies nicht der einzige Beweggrund für Abbo gewesen sein. So hat er auch für die Astronomie alle ihm zur Verfügung stehenden Figuren und Diagramme zusammengestellt. Insofern dürfte er also eher um Vollständigkeit bemüht gewesen sein, eine Vollständigkeit, die er anstrebte, um seine grundlegenden Gedanken immer und immer wieder zu illustrieren. Der Beweis der Richtigkeit seiner Annahmen zur Einheit sollte durch die Demonstration in allen Wissensgebieten der Zeit und deren Vorgehen erfolgen.

5. Das Komputus-Gedicht

Der Text, mit dem die Sammlung komputistischer Werke im Migne beginnt, ist Gedicht, Gebet und Geometrie, Arithmetik und Astronomie, Musik, Zeit und Zeichen zugleich. Es ist ein mittelalterliches Kunstwerk ganz besonderer Art, gestaltet nach den karolingischen Figurengedichten[30], in denen einem Text eine bestimmte Form gegeben werden sollte, weshalb auch die Buchstaben gezählt werden mußten. Weil der Zugang zum Gesamtverständnis des Vorgehens und die Entschlüsselung schwierig sind, weckt das Gedicht Spürsinn und Neugier.

Ardua conexe libat sacraria formae
tiros visque notat deu ex lumina celi
his ut lunaris noscatur terminus odis
bino donatus magni lustramine gyri
ad sua tricenis momenta explenda diebus
qua ephebo debet pro iugis luminis usu
ceu derivati nativis amnibus amnes
haec et quae novi nobis communia solis
quos dedita alternare diu natura coaeva
dum sol invit ocasu confinia noctis
fert in proviso promit vel cornua phebes
quae debet totis divisi partibus orbis
eoodum se componens ultima scandit
clara kaput dudum radiis exesa diei
hactenus exegi lunaris tramitis oras
fando solari quaesit lex cudo labori
annua girati repetatur linea mundi
quam sol decurrit et sero nanque sueto
girat pura foris non uno mense diana
id quod germanus toto pervadit in anno
est via pro spatio leni spectanda meatu
hic semper serus haec est vel ocior etsi
ambos aequali cursu ciet unius ordo

30 Vgl. U. Ernst, Maß und Zahl in den Figurengedichten der Antike und des Frühmittelalters, in: Mensura, Maß, Zahl, Zahlensymbolik im Mittelalter, 2. Halbband, hrsg. v. A. Zimmermann, Berlin/New York 1984, S. 327-332.

quinque vagidemum promant cantibus ignes
ipsis in caelo terrarum iure potitis
qui per zonarum vitalia signa furendo
discurrunt per se vix nota sede locati
karta finita voti deprofundimus odas
alme deus te nosce mihi concede fideli
per tua dona tibi placeam pro viribus oro.

In diesem Gedicht werden Bilder des kreisenden Mondes und der Sonne, des Wechsels von Tag und Nacht, Monat und Jahr sowie Anfang und Ende der Kreisbahnen der fünf Planeten durch die Sternbilder beschworen. Im Text selbst wird auf die Übereinstimmung von Inhalt und Form hingewiesen, wenn es heißt, daß das Ende des Mondverlaufs im Gedicht erkannt werden wird. Das aber kann, worauf nicht aufmerksam gemacht wird – vielleicht auch, weil es sich für den Leser solcher Gedichte von selbst verstand – nur dann der Fall sein, wenn er die markierten Buchstaben z. B. als Epaktentabellen liest. An Mond- und Sonnenlauf wird die Länge des Monats mit 30 Tagen bestimmt, und 30 mal 30 Buchstaben hat auch das Gedicht. Der Jahreskreis, der eine Wiederholung der Weltlinien darstellt, schließt sich an Weihnachten. Die Musik wird gegen Ende bedacht, denn das Licht der fünf Planeten wurde durch die Sphärenharmonie entfacht. Das Gedicht schließt mit einem Gebet.

Soweit in kurzen Worten das Gedicht, das so eigentlich gar nicht wiedergegeben werden dürfte, weil man ihm in dieser prosaischen Weise nicht gerecht wird. Der Inhalt wird aber nicht allein über die Bedeutung der Worte vermittelt, sondern im Wesentlichen auch über die Form der Wiedergabe.

		1 Epacta, Cyclus decemnovalis.					2 Arithmetica. Geometria.						3 Musica, Arithmetica Geometria.						4 Musica, Signorum cœli. Arithmetica.						5 Musica. Mensium. Geometria.						
	9	A	r	d	u	a	.C	o~	a	e	x	æ	.L	i	b	a	t.	s	A	c	r	a	r	i	A.	f	o	r	m	a	e.
	10	t	i	r	o.	s	u	i	s	que.	n	o	t	a	t.	d	e	u	e	x	i.	l	u	m	i	n	a.	c	œ	l	i.
	11	h	i	s.	u	t	.L	u	n	a	r	i	s.	n	o	s	c	a	T	u	r.	t	e	r	M	i	nus.	e	d	i	s.
	12	B	i	n	o.	d	o	n	a	t	u	s.	M	a	g	n	i.	l	u	s	t	r	a	m	i	n	e.	g	i	r	i.
De Luna.	13	a	d.	s	u	a	.T	r	i	c	e	n	i	s.	m	o	ment		a.	e	x	p	l	e	n	d	a.	d	i	e	bus.
	14	q	u	a	e.	p	H	e	b	o.	d	e	b	e	t.	pro	i	u	G	i	s.	l	u	m	I	n	i	s.	u	s.	u.
	15	C	e	u.	d	e	r	i	u	a	t	i	.N	a	t	i	u	i	s.	a	m	a	i	b	u	s.	a	m	n	e	s.
	16	h	æ	c.	e	t	.Q	u	æ.	n	o	u	i.	u	o	b	i	s	.C	o	m	m	u	n	i	s.	s	o	l	i	s.
	17	q	u	o	s.	d	E	d	i	t.	a	l	ter.	n	a	r	e.	d	i	u.	n	a	t	u	r	a.	c	o	æ	u	s.
	18	D	u	m.	s	o	l.	i	n	u	i	t	O.	c	a	s	u.	c	o	n	f	i	n	i	a.	n	o	c	t	i	s.
	19	f	e	r	t.	i	N	pro	u	i	s	o.	pro	m	i	t.	u	e	L.	c	o	r.	n	u	A.	p	h	e	b	e	s.
	20	q	u	æ.	d	e	R	e	t.	t	o	t	i	s.	d.	i	u	i	s	i.	p	a	r	t	i	bus.	o	r	b	i	s.
	21	E	o	o.	d	u	m.	s	e.	c	o	m	P	o	n	e	n	s.	V	l	t	i	m	a.	S	c	a	n	d	i	t.
	22	c	l	a	r	a	.K	a	p	u	t.	d	u	d	u	m.	r	a	d	i	i	a.	e	x	o	s	a.	d	i	e	i.
	23	h	a	c	t	e	nus.	e	x	e	g	i.	l	u	n	a	r	i	s.	t	r	a	m	i	t	i	s.	o	r	a	s.
	24	F	a	n	d	o	.S	o	l	a	r	i	.Q	u	æ	.s	i	t	.L	e	x.	c	u	d	O.	l	a	b	o	r	i.
De Sole.	25	a	n	n	u	s.	G	i	r	a	t	i.	r	e	p	e	t	a	t	u	r.	l	i	n	e	a	.m	u	n	d	i.
	26	q	u	a	m.	s	o	l.	d	e	c	u	r	r	i	t.	e	t	.S	e	r	o.	n	a	N	que.	s	u	e	t	o.
	27	G	i	r	a	t	.P	u	r	a.	f	o	R	i	s.	n	o	n.	u	n	o	.m	e	n	s	e.	d	i	a	n	a.
	28	i	d	q	u	o	D.	g	e	r	m	a	n	u	s.	t	o	t	o.	per	u	a	d	i	t.	i	n.	a	n	n	o.
	29	e	s	t.	u	i	a	.pro.	s	p	a	t	i	o.	l	e	n	i	.S	e	c	t	a	n	D	a	.m	e	a	t	u.
	30	H	i	c	s	e	M	per.	s	e	r	u	S	.h	æ	c	.e	s	t.	u	e	l	o	c	i	o	r.	e	t.	s	i.
	1	a	m	b	o	s	.a	e	q	u	a	l	i.	c	u	r	s	u.	C	i	e	t.	u	n	I	u	s.	o	r	d	o.
	2	q	u	i	n	que.	u	a	g	i	d	e	m	u	m	pro	m	a	n	t	.c	a	n	t	i	bus.	i	g	n	e	s.
De Planetis	3	I	p	s	i	s.	I	n.	c	œ	l	o	.T	e	r	r	a	r	n	m.	i	u	r	e.	p	o	t	i	t	i	s.
	4	q	u	i.	per.	z	o	n	a	r	u	m.	u	i	t	a	l	l	A.	s	i	g	n	a	.F	u	r	e	n	d	o.
	5	d	i	s	c	u	R	r	u	n	t.	per	s	e.	u	i	x.	n	o	t	a.	s	e	d	e.	l	o	c	a	t	i.
	6	K	a	r	t	a	F	i	n	i	t	a.	V	o	t	i	.d	e	P	r	f	n	d	i	M	u	s.	o	d	a	s.
	7	a	l	m	e.	d	e	u	s.	t	^.	n	o	s	s	e	.m	i	h	i.	com	c	e	d	o.	f	i	d	e	l	i.
	8	per	t	u	a.	d	O	n	a.	t	i	b	i.	p	l	a	c	e	a	m.	pro	u	i	r	i	b	u	s.	o	r	o.
		1	2	3	4	5	6	7	8	9	10	11	12	13	14	15	16	17	18	19	20	21	22	23	24	25	26	27	28	29	30

Migne Pl.90, Sp. 729/730 (In der Berliner Handschrift Bl. 33v.)

Der Text weist, analog zu einem Monat mit 30 Tagen, genau 30 mal 30 Buchstaben auf und konnte derart als Quadrat geschrieben werden, womit der Geometrie als Disziplin Genüge getan werden sollte. Die Musik, die Arithmetik und die Komputistik wurden auf andere Weise formal über die zu entschlüsselnde Bedeutung systematisch aufgebauter Buchstabenreihen in den Text eingearbeitet. Durch die Besprechung der komputistischen Tabellen ist man auf das nun Folgende in etwa vorbereitet.

Durch den Wechsel von Groß- und Kleinschreibweise wurden fünf Spalten angelegt, denen vier verschiedene Systeme zugrunde zu liegen scheinen, welche jeweils eine andere Aussagekraft haben. Die erste und die dritte Spalte sind diejenigen, welche am einfachsten zu deuten sind:

A	B	C	D	E	F	G	H	I	K	1. Spalte
L	M	N	O	P	Q	R	S	T	V	2. Spalte

Es handelt sich hier um eine sehr verkürzte Variante der ersten bereits vorgestellten und besprochenen Beda-Tabelle. In einer Londoner Handschrift[31] der British Library ist eine Zusatztabelle mitabgeschrieben, die diese beiden Spalten für den 19jährigen Zyklus als Epaktentabelle aufweist, indem den Buchstaben A – T die Epakten Null, 11, 22 usw. bis 18 zugewiesen werden. Außerdem wurde dort auch eine Tabelle für den Wechsel der Wochentage an den Rand geschrieben, wie sie der Konkurrenten-Tabelle IV. entspricht. Andere Handschriften wie Berlin 1833 und Wien 12600[32] weisen diese zusätzlichen Angaben nicht auf, so daß man sich mit gutem Grund für die drei anderen Buchstabenreihen noch um weitere Interpretationen bemühen darf.

1.

A	B	C	D	E	F	G	H	I	K
1	2	3	4	5	6	7	8	9	10
L	M	N	O	P	Q	R	S	T	
11	12	13	14	15	16	17	18	19	

2.

C L T H Q E N B K S

3 11 19 8 16 5 13 2 10 18

8 8 11 8 11 8 11 8 8 11

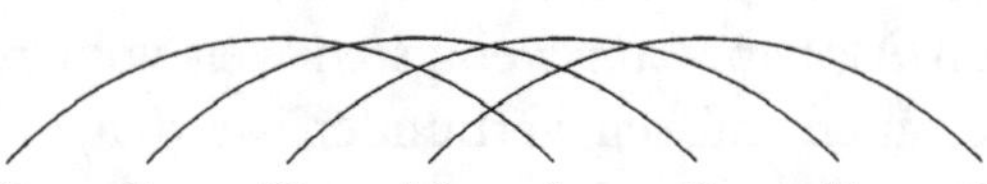

G P D M I R F O

7 15 4 12 9 17 6 14

8 11 8 3 8 11 8 11

31 Cotton Tiberius cI., Bl. 13v.

32 Dort Bl. 31v.

3.

C-E = 3-5 = 2 G-J = 7-9 = 2
L-N = 11-13 = 2 P-R = 15-17 = 2
T-B = 19-2 = 2 D-F = 4-6 = 2
H-K = 8-10 = 2 M-O = 12-14 = 2
Q-S = 16-18 = 2

Diese zweite Buchstabenspalte verbindet Harmonie, Arithmetik und Komputistik. Zur Vereinfachung wurden den Buchstaben auch hier wieder die entsprechenden Zahlenwerte hinzugefügt, damit man sehen kann, daß die Differenz zwischen den benachbarten Buchstaben stets dem Wechsel[33] zwischen Hendecade und Ogdoade entspricht, die auf das erste bis achte Jahr des 19jährigen Zyklus und das neunte bis elfte Jahr als Einheiten verweisen. Diese Einteilung in Hendecade und Ogdoade wird optisch zusätzlich dadurch verstärkt, daß sich durch die Verbindung der sich im Alphabet jeweils am nächsten stehenden Buchstaben zwischen S und G ein Bruch ergibt, so daß die ersten elf und die letzten acht Buchstaben als Einheit erscheinen: Verbunden wurden C mit E, D wurde ausgelassen; L wurde mit N verbunden, M wurde ausgelassen, T wurde mit B verbunden, hier wurde A ausgelassen, usw. Ordnet man den Buchstaben Zahlen zu und errechnet man die Differenz so ergibt sich jeweils zwei[34].

Die vierte Buchstabenspalte steht wiederum für Symmetrie, Arithmetik und die Rückkehr in die Einheit und muß etwas anders rekonstruiert werden als die zweite Buchstabenspalte. Die jeweils im Alphabet am wenigsten weit voneinander entfernten Buchstaben müssen verbunden werden, so daß man, wie unten ersichtlich, wieder ein symmetrisches Bild erhält. Über die Übersetzung in Zahlen gelangt man hier nicht zu Reihen, die eine erkennbare Systematik aufweisen, anders also als bei der zweiten Buchstabentabelle.

33 Mit Ausnahme von 12 zu 9.

34 Vgl. oben unter 3.

Zählt man jedoch ab, wieviele Buchstaben in der Gedicht-Tabelle zwischen den, nach ihrer Nähe im Alphabet, verbundenen Großbuchstaben liegen, so erhält man die unten angegebene Abfolge 6,9,4,6,9,4 und sieht außerdem, daß die Zuordnung mit A anfängt und mit A aufhört, was die Rückkehr in die Einheit widerspiegelt.[35]

zwischen A und C liegen	6 Buchstaben
zwischen T und V	9 Buchstaben
zwischen G und L	4 Buchstaben
zwischen L und C	6 Buchstaben
zwischen S und P	9 Buchstaben
zwischen S und A	4 Buchstaben

In der fünften und letzten Buchstabenspalte läßt sich schließlich nur noch eine optische Symmetrie herstellen, wenn man die im Alphabet am nächsten zueinanderstehenden Buchstaben miteinander verbindet.

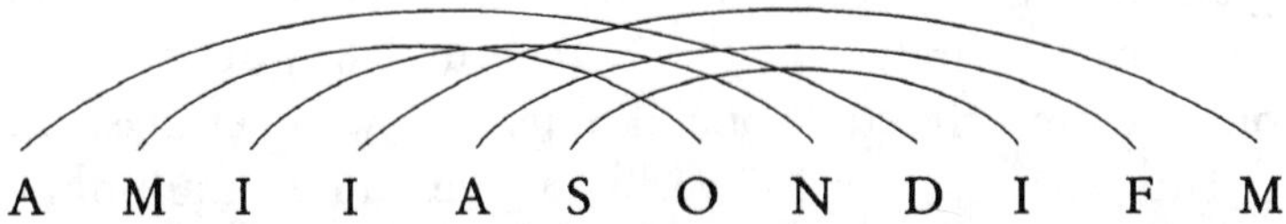

Die Gründe für die abnehmende Komplexität werden sehr schnell einsichtig, wenn man sich verdeutlicht, daß die Buchstaben, mit Hilfe derer diese Ordnungen deutlich gemacht werden, zu Wörtern gehören und diese wiederum zu einem Text der natürlichen Sprache, der einen Inhalt vermitteln soll, welcher eine ähnliche Bedeutung enthält wie die Interpretation der Ordnungen selbst.

35 Zuletzt wurde diese mittelalterliche Verbindung von Zahl und Buchstabe von James Joyce in „Anna Livia Plurabelle“ verwendet. Anna Livia hat 111 Kinder, was nach einer Verschlüsselung hebräischer Zahlenwerte A = 1, L = 30, P = 80 entspricht

6. Hermann der Lahme – ein halber Enkel Abbos bezüglich der geteilten Zeit

Hermann der Lahme legte wie Abbo Tabellenwerke zur Komputistik an und kann insofern dessen Enkel genannt werden. Er führte die von Abbo angestellten Überlegungen zur Teilbarkeit zu Ende, weshalb von Abbos Bemühungen um inhaltliche und formale Einheit in der Komputistik zuungunsten größerer Exaktheit nichts übrigbleibt. Hermann griff nicht nur auf die kleinsten Zeiteinheiten wie das Zeitatom zurück, sondern legte sich sogar eigene, für seine Zwecke taugliche Einheiten zurecht, die mit der Wirklichkeit des Wortes nichts mehr zu tun haben und deren Brauchbarkeit allein noch dem „glatten" Ergebnis der Rechnung und deren Übereinstimmen mit der durch das Astrolab beobachteten Wirklichkeit galt. Weiter bedeutete Komputistik für Hermann nichts[36].

Als Hermann der Lahme versuchte, 228 Sonnenmonate eines 19jährigen Zyklus mit 6939 Tagen und 18 Stunden zu 235 Mondmonaten mit 6932 Tagen und 12 Stunden in Beziehung zu setzen, blieb ihm ein Rest von 7 Tagen und 6 Stunden[37], den er gleichmäßig auf die 235 Monate verteilen mußte. Er versuchte es zunächst, indem er die 7 Tage und 6 Stunden in 6960 Momente umrechnete, wobei ihm jedoch, wenn er diese durch 235 teilte, ein Rest von 145 verblieb. Diesen Rest multiplizierte er mit der Atomzahl für einen Moment, nämlich 564, und erhielt so für 145 Momente die Anzahl von 81780 Atomen, die geteilt durch 235 genau 348 Atome ergeben. Er hatte für den Mondmonat damit 29 Tage, 12 Stunden, 28 Momente und 348 Atome errechnet „et nihil omnino remanere"[38].

---

36 Vgl. A. Borst, Computus – Zeit und Zahl im Mittelalter, in: Deutsches Archiv 44 (1988), S. 1-82, hier S. 32-35.

37 Ed. A. Borst, Ein Forschungsbericht Hermanns des Lahmen, in: Deutsches Archiv 40 (1984), S. 379-477, S. 474 Z. 35-39.

38 Ebd., S. 476 Z. 58-68.

Wem die Rechnung mit Atomen zu mühsam war, der konnte nach Hermann auch einfach die Stunde in 235 Teile zerlegen und den Mondmonat mit 29 Tagen, 12 Stunden und 174 Teilen berechnen[39]. Hermann legte sich also die auf die Zeit anzuwendenden Einheiten selbst zurecht und machte somit nachdrücklich deutlich, daß Zeiteinteilung auf Konvention beruht und der Mondsprung im 19jährigen Zyklus, der seit Beda Mond- und Sonnenlauf im Zyklus ausgeglichen hatte, nichts weiter als eine Hilfskonstruktion gewesen war, die über Jahrhunderte aus Gewohnheit beibehalten wurde, obwohl niemand den Mond je hatte springen sehen.

Lernen konnte Hermann dieses Vorgehen u.a. bei Abbo, der in seinem Kommentar zum „Calculus" des Victorius den Umgang mit Einheiten und Stammbrüchen[40] vorgeführt hat. Abbo legt dort dar, daß eine Unze zu einem As im Verhältnis 1 zu 12 steht, 2 Unzen zu einem As im Verhältnis $^1/_6$ (sextans), 3 Unzen zu einem As im Verhältnis $^1/_4$ (quadrans), 4 Unzen zu einem As im Verhältnis $^1/_3$ (triens)[41]. In dieser, der antiken Tradition ist der Bruch insofern eine Zahl, als er eine Untereinheit darstellt. Es ist ein Denken in Proportionen und damit für Antike und Mittelalter im wesentlichen mathematisch. Abbo hat also, indem er durch die (Auf-) Schreibweise des Komputus-Gedichts Buchstaben zueinander in Verhältnis setzt, in diesem Sinne Mathematik betrieben. Dieser Tradition folgt auch Hermann, wenn er Untereinheiten zu Zeiteinheiten bildet, um

---

39 Ebd., S. 477 Z. 93-96.

40 Man erhält einen Stammbruch $^1/_n$ als neue Einheit, wenn man ein Objekt oder eine Einheit in gleiche Teile aufteilt. Diese neue Einheit kann man k mal zusammenfassen, so daß man als Ergebnis $^k/_n$ erhält, das sowohl als Division k:n als auch als Zusammenfassung von $k \cdot {}^1/_n$ Einheiten aufgefaßt werden kann. Komplementbrüche, wie $^2/_3$, $^3/_4$, $^5/_6$ ..., ergeben durch Addition des dazugehörigen Stammbruchs wieder die Einheit 1: $^2/_3$ plus $^1/_3 = 1$. Welche Stamm- und Komplementbrüche die Römer kannten und wie sie sie benannten, ist u.a. durch den Calculus des Victorius überliefert. Siehe Tropfke, S. 93 und 104.

41 Berlin Phill. 1833 Bl. 15rb.

228 Sonnenmonate des 19jährigen Zyklus mit 6939 Tagen und 18 Stunden zu 235 Mondmonaten mit 6932 Tagen und 12 Stunden in Beziehung setzen zu können.

Hermann benutzt die Komputistik nicht mehr, um die Idee der Einheit zu verdeutlichen – seine Verknüpfung der Disziplinen war demnach eine ganz andere. Er benutzt die Komputistik als Hilfswissenschaft, um die Sterbedaten in den Heiligenkalendern verbessern zu können, also als Hilfswissenschaft sowohl für die Liturgie als auch für die Historie. Dennoch war es Hermann der Lahme, der eben diese Wissenschaft zu einer im Mittelalter nicht mehr gekannten Perfektion führte, indem er ihre Annahmen mit Hilfe der Astronomie überprüfte und verwerfen mußte. Für die Verifikation seiner neuen Tabellen, auf Moment und Atom genau berechnet, benutzte er das Astrolab, um die Tabellen an Hand von Sonnen- und Mondlauf zu prüfen.

Der Begriff ‚naturalis calculatio'[42] bringt dieses Denken am prägnantesten auf den Punkt. Die berechnete Zeit muß in der Natur bestätigt werden, in einer Natur, die nicht mehr weiterhin als platonisches Abbild, als ein göttliches Zeichen verstanden wird, sondern als eine Überprüfungsinstanz, über deren konkrete Wirklichkeit kein Zweifel besteht. Die größere Nähe zu Gott, die der kontemplative Mönch im Denken über Gottes Zeichen und die Einheit finden kann, wird zu einer noch genaueren Rechnung.

Der Umgang Hermanns mit der Zeit ändert sich aber auch noch in ganz anderer Hinsicht insofern, als er den Einzelnen dazu auffordert, seine Bemühungen um die Unsterblichkeit der Seele mit all seinen Kräften in der Zeitlichkeit und durch den sorgsamen Umgang mit ihr zu erlangen. Jeder solle die Zeit, welche ihm zur Verfügung steht, richtig nutzen. Für diese, die richtige Nutzung, kann er keine langen Zyklen empfehlen, die der mittelalterliche Mensch auch nicht allzu oft durch-

42 Ebd., S. 34.

leben konnte, weshalb er jedem die Stunde und Minute ans Herz legt und eine kleine tragbare Säulchen-Sonnenuhr erfunden hat, mit Hilfe derer man sich jederzeit über das Verstreichen der Zeit Rechenschaft geben kann[43].

---

43 Vgl. zu Hermanns Umgang mit der Zeit: A. Borst, Computus. Zeit und Zahl in der Geschichte Europas, Berlin 1990, S. 53-55.

XI. Abbos Briefe zur Komputistik

Abbos eigentliches Verdienst für die Entwicklung der Komputistik liegt jedoch nicht im Bereich der Tabellen, sondern darin, daß er als erster Bedas ironischer Notiz nachgegangen ist. Beda hatte in Kapitel XLVII von „De temporum ratione" zu verstehen gegeben, daß er sich unter den Voraussetzungen des Evangeliums, nach welchen Jesus in seinem 34. Lebensjahr gekreuzigt worden ist, Pascha auf einen Donnerstag und Ostern auf einen Sonntag gefallen wären, nicht in der Lage sähe, ein entsprechendes Jahr zu finden. Abbo war diesem Hinweis nachgegangen und hatte versucht, den Widerspruch zwischen der Passionschronologie und den dionysianischen Zeittafeln dadurch zu beheben, daß er in den Tafeln das entsprechende Datum zu finden suchte. Es gelang ihm aber nicht.

Nachdem Abbo von seinem Englandaufenthalt zurückgekehrt war, setzte er sich daran, im Anschluß an die Tafeln von Cyrill, Dionysius und Beda, ein eigenes Tafelwerk mit dazugehörigem Vorwort zu schreiben. In seinem Tafelwerk, das er vor 988 erstellt hatte, hatte er nämlich noch alle überlieferten Daten der Passionschronologie und der großen Komputisten unverändert stehen lassen.

Nach 988, als er sich bemühte, den dritten Zyklus von 1064 bis 1595, von dem Gott allein wisse, wie weit er in die Zukunft reichen werde[1], zu erstellen, begann er darüber nachzudenken, ob die komputistischen Bedingungen untereinander übereinstimmten. 33 n. Chr., also im 34. Jahr des zweiten 532jährigen

1 Ed. v. A. Cordoliani, Abbon de Fleury, Hériger de Lobbes et Gerland de Besancon sur l'ère de l'incarnation de Denys le Petit, in: Revue d'Histoire Ecclésiastique 44 (1949), S. 463-487, hier S. 475 Z. 16-17.

Zyklus[2], kann er die astronomischen und kalendarischen Angaben, wie sie aus dem Evangelium überliefert sind, jedenfalls nicht finden.

Abbo versuchte daraufhin, für das Jahr 34, bei dem das Mondalter 14 auf den 21. März gefallen sein sollte, festzustellen, ob die Angaben unter der Voraussetzung zu retten seien, daß man Theophil Glauben schenkte, der angab, daß Christus am 22. März seinen Verfolgern übergeben worden sei. Die Konsequenz dieser Alternative wäre jedoch unannehmbar gewesen, weil Christus dann an einem Tag mit Mondalter 14 gekreuzigt worden sein müßte, während sich alle Kirchenväter darüber einig waren, daß dies an einem Tag mit Mondalter 15 geschehen war.

Abbo findet schließlich als einzig mögliches Jahr das Jahr 13 n. Chr., das das 14. Jahr des 532jährigen Zyklus ist. Er unterstreicht dieses Ergebnis dadurch, daß er zeigt, daß sich dieselbe Verschiebung von 20 Jahren in Zyklus und Chronologie der Sterbedaten des heiligen Benedikt ergibt. Dessen Sterbetag sollte, nach historischem Zeugnis, am 21. März, einem Karsamstag des Jahres 529, gewesen sein[3]. Aber auch hier kann Abbo die kalendarischen Daten in den Tabellen nicht finden, und auch hier findet er sie 20 Jahre vorher, nämlich im 16. Jahr des 28igsten 19jährigen Zyklus, also im Jahre 509[4].

Die Tatsache, daß er auch für den heiligen Ordensgründer eine Datenverschiebung von 20 Jahren errechnen konnte, muß für Abbo wie ein Beweis gewesen sein, daß er die Annahme, der zweite 532jährige Zyklus beginne mit Null, ruhig über den Haufen werfen konnte.

Abbo schreibt in seinem Brief an Gerald und Vitalis, daß das Grundübel an Bedas Irrtum bei dem Konzil von Nicäa zu suchen sei, denn dieses habe die dionysianischen Zyklen ein für

---

2 Abbo nimmt, wie alle Komputisten, irrtümlich an, daß Dionysius den 532jährigen Zyklus gekannt habe.

3 Ed. Cordoliani, S. 475 Z. 34-45.

4 Ed. Cordoliani, S. 476 Z. 20-22; Vgl. auch Borst, Forschungsbericht, S. 386 und J. Wiesenbach, Einleitung, in: Sigebert von Gembloux. Liber Decennalis, Weimar 1986, S. 31-112, hier S. 87-88.

allemal festgeschrieben, obwohl diese falsche Daten enthielten. Sie seien auf Grund der Angaben der Historiker erstellt worden, die die Regierungsjahre der Kaiser einmal so und dann wieder anders angegeben hatten[5]. Abbo mußte sich in seinem zweiten komputistischen Brief aus dem Jahr 1004, seinem Todesjahr, jedoch selbst verbessern, weil er nun zu dem Ergebnis gekommen war, daß die dionysianische Rechnung nicht um 20, sondern um 21 zu verändern sei.

In der Komputistik war für Abbo das Hauptthema also nicht mehr die Berechnung des Osterdatums, sondern die Stimmigkeit der bis zum Jüngsten Gericht sich immer wiederholenden Zyklen mit dem Auferstehungsdatum Jesu. Die wichtigsten Zeichen Gottes für eine Wiedergeburt, die er durch die Wiederkehr in die Einheit und durch die Wiedergeburt seines Sohnes gegeben hatte, mußten miteinander in Übereinstimmung zu bringen sein.

---

5 Ed. Cordoliani, S. 479 Z. 32-34.

Schlußbetrachtung

„Wissenschaft wird […] ein durch die Rede über Gott, durch Theologie legitimiertes Unterfangen. Der Ordnung des Wissens geht eine Ordnung der Welt voraus. Nicht irgendeine Ordnung, sondern eine göttliche. […] Wer so denkt, für den wird Wissenschaft selbst zu einem Stück Theologie. […] Die Vernünftigkeit der Welt […], in ihr verschafft sich Ausdruck, was […] auch Ausdruck der Welt selbst und ihres abbildhaften Verhältnisses in Gott ist“[1].

Über das Werk wessen Theologen, wessen Philosophen könnte diese Aussage gemacht worden sein? Wer im Mittelalter sucht, sucht in der falschen Epoche. Es handelt sich um kein geringeres Werk als das von Leibniz, des „Begründers der modernen Logik und Wissenschaftstheorie“. Doch darf nicht verschwiegen werden, daß der Autor dieser Passage selbst zu bedenken gibt, daß Leibniz sich mit einer solchen Auffassung von Welt und Wissenschaft eigentlich schon nicht mehr in seiner, geschweige denn in unserer Gedankenwelt bewegt.

Diese Rückwärtsorientierung von Leibniz ist die Zukunftsorientierung von Abbo; denn daß die Vernünftigkeit der Welt Ausdruck der Welt selbst und ihres abbildhaften Verhältnisses in Gott ist, war eine seiner Grundannahmen, die ihn zu der Hoffnung bewegt haben, Wissenschaft könnte letztlich nicht nur Einblicke in die Welt, sondern auch in ihren Schöpfer erlauben. In diesem Sinne wurde auch für Abbo Wissenschaft zur Theologie, was in seinem Fall aber auch bedeutet, daß

1 J. Mittelstraß, Philosophie in einer Leibniz – Welt, in: Leibniz' Auseinandersetzung mit Vorgängern und Zeitgenossen, hrsg. v. J. Marchlewitz und A. Heinekamp, Stuttgart 1990, S. 9f.

Theologie zur Wissenschaft und Wissenschaft zu ihr selbst wurde.

Nun wurde in der Einleitung auch noch von anderen Komponenten in Abbos Werk gesprochen und behauptet, daß sie sich dort wiederfinden lassen. Es war von mystischen Beziehungen zum Bereich des Nicht-Wissbaren die Rede, deren Spuren sich ebenfalls bei Abbo finden lassen. Es dürfte jedoch deutlich geworden sein, daß diese uns mystisch anmutenden Komponenten in Abbos Arbeiten nur auf uns heutige so wirken, daß sie aber einer inneren Rationalität folgen und ihnen in diesem geschlossenen Weltbild ihre eigene Plausibilität zukommt.

Die Verbindung Zahl und Welt und das Bemühen, den Symbolgehalt von Zahl und Wort Gottes zu verstehen, haben nicht erst bei Abbo begonnen, sondern ihren Ursprung bereits in der Spätantike, bei Boethius[2], Isidor von Sevilla[3] und schließlich bei Hrabanus Maurus im neunten Jahrhundert gehabt. Nicht erst seit Hrabanus haben Buchstaben, Zahlen und Zeitangaben eine gemeinsame Bedeutung[4], die bei Beda durch die Verbindung von komputistischen Tabellen und durch die Ersetzung von Zahlen durch Buchstaben und umgekehrt schon angeklungen war, nämlich daß sowohl Buchstaben als auch Zahlen die kleinsten Bestandteile eines Ganzen sind.

Diese Bestandteile können als Atome der Rede oder der Stunde vorkommen[5], weil die Eins das Atom der Zahl ist, das Zeitatom als schnellster Augenblick, der keine Dauer hat[6], der Baustein der Zeit ist und der Buchstabe das Atom des Wortes.

---

2 Boethius, De Institutione Arithmetica, hrsg. v. G. Friedlein, Leipzig 1867.

3 Etymologiarum, Bd. I, III, I-IX.

4 Hrabanus Maurus, De Computo, hrsg. v. W. M. Stevens, Rabani Mogontiacensis episcopi. De computo, CC 44, Turnholt 1979, zur Arithmetik: Kap. I-IX, außerdem Kapitel „De arithmetica“, in: De institutione clericorum, hrsg. v. A. Knoepfler, München 1900, Vol. II, Kap. 21 und 22.

5 Für ‚Rede' Hrabanus Maurus: Ed. Stevens, S. 218. Für ‚Zeit und Zahl' Isidor: Etymologiarum, Bd. II, XIII, II, 2 und 3.

6 Ed. Stevens, S. 218-219.

Die Bemühung um diese kleinsten Einheiten hat sich Abbo nicht zu eigen gemacht. Ihm ging es mehr um das Ganze. Vererbt hat sich auf ihn wohl aber die Auffassung, daß der Welt Verbindungen dieser Einheiten zugrunde liegen, die Erkenntnis ermöglichen. Die wichtigste Folge eines solchen Denkens, das bei Abbo ausgepägter entwickelt ist als bei Hraban, ist eine Wendung fort von der Vorstellung, Gott habe sich dem Menschen nur in der Bibel offenbart, hin zu einer Vorstellung, nach welcher er sich auch in seiner Schöpfung gezeigt hat, um an ihn, Gott, bereits im irdischen Bereich näher heranreichen zu können.

Literaturverzeichnis

Arentzen, G., Imago Mundi Cartographica. Studien zur Bildlichkeit mittelalterlicher Welt- und Ökumenekarten unter besonderer Berücksichtigung des Zusammenwirkens von Text und Bild, München 1984.

Beaumont, J., The Latin Tradition of De Consolatione, in: Boethius. His Life, Thought and Influence, hrsg. v. M. Gibson, Oxford 1981, S. 293-295.

Beierwaltes, W., Lux intelligibilis. Untersuchung zur Lichtmetaphysik der Griechen, Diss. München 1957.

Beierwaltes, W., Artikel ‚intelligibel, das Intelligible, Intelligibilität', in: Historisches Wörterbuch der Philosophie, Bd. 4, hrsg. v. J. Ritter und K. Gründer, Basel/Stuttgart 1976, Sp. 463-465.

Beierwaltes, W., Artikel ‚Licht', in: Historisches Wörterbuch der Philosophie, Bd. 5, hrsg. v. J. Ritter und K. Gründer, Basel/Stuttgart 1980, S. 282-286.

Beierwaltes, W., Artikel ‚Mundus intelligibilis/sensibilis', in: Historisches Wörterbuch der Philosophie, Bd. 6, hrsg. v. J. Ritter und K. Gründer, Basel/Stuttgart 1984, Sp. 236-238.

Bischoff, B., Zur Kritik der Heerwagenschen Ausgabe von Bedas Werken (Basel 1563), in: Mittelalterliche Studien I, Stuttgart 1966, S. 112-117.

Bober, H., An illustrated medieval schoolbook of Bede's ‚De natura rerum', in: Journal of the Walters Art Gallery, Vol. 19-20 (1956/1957), S. 64-97.

Böhme, G., Zeit und Zahl. Studien zur Zeittheorie bei Platon, Aristoteles, Leibniz und Kant, Frankfurt 1974.

Bormann, C. v., W. Franzen, A. Krapiec und L. Oeing-Hanhoff, Artikel ‚Form und Materie' in: Historisches Wörterbuch der Philosophie, Bd. 2, hrsg. v. J. Ritter, Basel/Stuttgart 1972, Sp. 877-1030.

Borst, A., Das Bild der Geschichte in der Enzyklopädie Isidors von Sevilla, in: Deutsches Archiv 22 (1966), S. 1-62.

Borst, A., Ein Forschungsbericht Herrmanns des Lahmen, in: Deutsches Archiv 40 (1984), S. 379-477.

Borst, A., Astrolab und Klosterreform an der Jahrtausendwende, Sitzungsberichte der Heidelberger Akademie der Wissenschaften, Phil.-hist. Klasse 1989 I, Heidelberg 1989.

Borst, A., Computus. Zeit und Zahl in der Geschichte Europas, Berlin 1990.

Chenu, M.-D., Die Platonismen des zwölften Jahrhunderts, in: Platonismus in der Philosophie des Mittelalters, hrsg. v. W. Beierwaltes, Darmstadt 1969, S. 268-316.

Christ, W., Über das Argumentum calculandi des Victorius und dessen Commentar, in: Sitzungsberichte der Königlichen Akademie der Wissenschaften, Phil.-hist. Klasse I, München 1863, S. 100-152.

Cordoliani, A., Abbon de Fleury, Hériger de Lobbes et Gerland de Besancon sur l'ere de l'incarnation de Denys le Petit, in: Revue d'Histoire Ecclésiastique 44 (1949), S. 463-487.

Cordoliani, A., Les manuscrits de la Bibliothèque de Berne provenant de L'Abbaye de Fleury au XI siècle. Le comput d'Abbon, in: Zeitschrift für Schweizerische Kirchengeschichte 52 (1958), S. 135-150.

Courcelle, P., La Consolation de Philosophie dans la tradition. Antécedents et posterité de Boèce, Paris 1967.

DeSmet, A., L'évolution de la cartographie au moyen age et jusqu'à la 2e motié du XVIe siècle, in: Land- und Seekarten im Mittelalter und in der frühen Neuzeit, hrsg. v. C. Koeman. Wolfenbütteler Forschungen, Bd. 7, München 1980, S. 69-89.

Duby, G., L'An Mil, Paris 1980.

Eastwood, B., Characteristics of the Plinian Astronomical Diagramms in a Bodleian Palimsest, MS D'Orville 95, in: Sudhoffs Archiv 67 (1983), S. 2-12.

Eastwood, B., MSS Madrid 9605 and Munich 6364 and the Evolution of two Plinian Astronomical Diagramms in the Tenth Century, in: Dynamis. Acta Hispanica 3 (1983), S. 265-280.

Eastwood, B., Plinian Astronomy in the Middle Ages and the Renaissance, in: Science in the Early Roman Empire. Pliny the Elder, his Sources and Influence, hrsg. v. R. French and F. Greenaway, London 1986, S. 197-251.

Eastwood, B., Plinian Astronomical Diagramms in the Early Middle Ages, in: Mathematics and its Applications to Science and Natural Philosophy in the Middle Ages. Essays in Honor of Marshall Clagett, Cambridge 1987, S. 141-172.

Elsässer, M., Einleitung zu Boethius. Die theologischen Traktate, Hamburg 1988.

Engelen, E.-M., Zeit als Prozeß und Abbild. Der Zeitbegriff bei Johannes Scottus Eriugena. Konstanzer Berichte. Philosophie der Geistes- und Sozialwissenschaften 1991/5.

Ernst, U., Maß und Zahl in den Figurengedichten der Antike und des Frühmittelalters, in: Mensura, Maß, Zahl, Zahlensymbolik im Mittelalter, 2.Halbband, hrsg. v. A. Zimmermann, Berlin/New York 1984, S. 327-332.

Evans, G. R., Peden, A. M., Natural Science and the Liberal Arts in Abbo of Fleurys Commentary on the Calculus of Victorius of Aquitaine, in: Viator. Medieval and Renaissance Studies 16 (1985), S. 109-127.

Fried, J., Endzeiterwartung um die Jahrtausendwende, in: DA 45 (1989), S. 381-473.

Grant, E., Celestical Orbs in the Latin Middle Ages, in: Isis 78 (1978), S. 153-173.

Günther, S., Die Anfänge und Entwicklungsstadien des Coordinatenprinzips, in: Abhandlungen der naturhistorischen Gesellschaft zu Nürnberg, Bd. 6 (1877), S. 3-50.

Hagen, H., Catalogus Codicum Bernensium, Hildesheim 1974, Repr. d. Ausg. Bern 1875.

Homburger, O., Die illustierten Handschriften der Burgerbibliothek Bern, Bern 1962.

Huygens, R. B. C., Mittelalterliche Kommentare zum ‚O qui perpetua', in: Sacris erudiri VI (1954), S. 400-404.

Jones, Ch. W., Bedae Pseudepigrapha. Scientific Writings falsely Attributed to Bede, Ithaca/New York 1939.

Jones, Ch. W., Bedae Opera de temporibus, Cambridge (Mass.) 1943.

Kaulbach, K., Artikel ‚Individuum und Atom' in: Philosophisches Wörterbuch der Philosophie, Bd. 4, hrsg. v. J. Ritter und K. Gründer, Basel/ Stuttgart 1976, Sp. 299-300.

Klibansky, R., The Continuity of the Platonic Tradition. Platon's Parmenides in the Middle Ages, Millwood/London/Nendeln 1982 repr.

Koehler, W., Die karolingischen Miniaturen, 3. Band, 2. Teil Metzer Handschriften, Berlin 1960.

Leonardi, C., I Codici di Marziano Capella, in: Aevum 34 (1960), S. 411-524.

Lindberg, D. C., Auge und Licht im Mittelalter. Die Entwicklung der Optik von Alkindi bis Kepler, Frankfurt 1987.

Marenbon, J., Early Medieval Philosophy (480-1150). An Introduction, London/New York 1988².

McGurk, P. M., Catalogue of Illuminated Astrological and Mythological Manuscripts of the Latin Middle Ages, Vol. IV. Astrological Manuscripts in Italian Libraries (other than Rome), London 1966.

Mittelstraß, J., Das Wirken der Natur. Materialien zur Geschichte des Naturbegriffs, in: Naturverständnis und Naturbeherrschung, hrsg. v. F. Rapp, München 1981, S. 36-69.

Mittelstraß, J., Artikel ‚Herakleides Pontikos', in: Enzyklopädie Philosophie und Wissenschaftstheorie, Bd. 2, hrsg. v. J. Mittelstraß, Mannheim/Wien/ Zürich 1984, S. 77-78.

Mittelstraß, J., Philosophie in einer Leibniz – Welt, in: Leibniz' Auseinandersetzung mit Vorgängern und Zeitgenossen, hrsg. v. J. Marchlewitz und A. Heinekamp, Stuttgart 1990, S. 1-17.

Mittelstraß, J., Artikel ‚Ptolemäisch, Ptolemäisches Weltsystem', in: Historisches Wörterbuch der Philosophie, Bd. 7, hrsg. v. J.Ritter und K.Gründer, Basel/Stuttgart 1989, Sp. 1708-1710.

Moran, D., The Philosophy of John Scottus Eriugena. A Study of Idealism in the Middle Ages, Cambridge 1989.

Mostert, M., The political Theology of Abbo of Fleury. A study of the ideas about society and law of the tenth-century monastic reform movement, Hilversum 1987.

Mostert, M., Die Urkundenfälschungen Abbos von Fleury, in: Fälschungen im Mittelalter. Internationaler Kongreß der MGH, München 1986. Teil 4, Diplomatische Fälschungen II, Hannover 1988, S. 287-318.

Mostert, M., The Library of Fleury. A provisional List of Manuscripts, Hilversum 1989.

Murdoch, J. E., The Album of Science. Antiquity and the Middle Ages, New York 1984.

Neugebauer, O., On the Allegedly Heliocentric Theory of Venus by Heraclides Ponticus, in: American Journal of Philology 93 (1972), S. 600-601.

Neugebauer, O., A History of Ancient Mathematical Astronomy, Part II and III, Berlin/New York 1975.

Pannekoek, A., A History of Astronomy, New York 1961.

Pratt Lattin, H., The Eleventh Century MS Munich 14436. Its Contribution to the History of Coordinates, of Logic, of German Studies in France, in: Isis 38 (1948), S. 215-222.

Rück, K., Auszüge aus der Naturgeschichte des C. Plinius Secundus in einem astronomisch-komputistischen Sammelwerke des achten Jahrhunderts, Programm des königlichen Ludwig-Gymnasiums, München 1887.

Saltzer, W., Zum Problem der inneren Planeten in der vorptolemäischen Theorie, in: Sudhoffs Archiv 54 (1970), S. 139-170.

Saxl, F., Verzeichnis astrologischer und mythologischer illustrierter Handschriften des lateinischen Mittelalters in römischen Bibliotheken, in: Sitzungsberichte der Heidelberger Akademie der Wissenschaften, Phil.-hist. Klasse 1915 Abh. 6.7.

Scheible, H., Die Gedichte in der Consolatio Philosophiae des Boethius, Heidelberg 1972.

Schrimpf, G., Aritkel ‚Idee', in: Historisches Wörterbuch der Philosophie, Bd. 4, hrsg. v. J. Ritter und K. Gründer, Basel/Stuttgart 1976, Sp. 65-75.

Schwemmer, O., Artikel ‚Actus', in: Enzyklopädie Philosophie und Wissenschaftstheorie, Bd. 1, hrsg. v. J. Mittelstraß, Mannheim/Wien/Zürich 1980, S. 44.

Tolles, Th. G., The Latin Tradition of the Epistola Petosirides, in: Manuscripta 26 (1982), S. 50-60.

Tropfke, J., Geschichte der Elementarmathematik, Bd. 1, hg. v. K. Vogel, K. Reich und H. Gericke, Berlin/New York 1980[4].

Tweedale, M., Abailard on Universals, Amsterdam/ New York/Oxford 1976.

Van de Vyver, A., Les Oeuvres inédites d'Abbon, in: Revue Bénedictine 47 (1935), S. 125-169.

Van de Vyver, A., Les plus anciennes traductions latines médievales (X.-XI. siècles) de Traités d'Astronomie et d'Astrologie, in: Osiris 1 (1952), S. 458-691.

Van der Waerden, B. L., Das grosse Jahr und die ewige Wiederkehr, in: Hermes 80 (1952), S. 129-155.

Van der Waerden, B. L., The Motion of Venus, Mercury and the Sun in Early Greek Astronomie, in: Archive for History of Exact Sciences 26 (1982), S. 99-113.

Van der Waerden, B. L., Die Astronomie der Griechen. Eine Einführung, Darmstadt 1988.

Viré, G., La transmission du De Astronomia d'Hygin jusqu'au XIIIe siècle, in: Revue d'histoire des textes 11 (1981), S. 159-276.

Von den Brinken, A.-D., Mappa mundi und Cartographia, in: Deutsches Archiv 24 (1968), S. 118-186.

Wieland, W., Die aristotelische Physik, Göttingen 1970.

Wiesenbach, J., Einleitung, in: Sigebert von Gembloux. Liber Decennalis, Weimar 1986.

Woodward, D., Medieval Mappaemundi, in: The History of Cartography, Vol. I. Cartography in Prehistoric, Ancient and Medieval Europe and the Mediterranean, hrsg. v. J. B. Harly und D. Woodward, Chicago u. London 1987, S. 286-370.

Zemanek, H., Kalender und Chronologie. Bekanntes und Unbekanntes aus der Kalenderwissenschaft, München 1987[4].

Quellenverzeichnis

Abbo von Fleury, Computus vulgaris, in: Migne PL 90, Sp. 727-858.

Abbo von Fleury, Liber Apologeticus, in: Migne PL 139, Sp. 461-472.

Abbo von Fleury, Abbo Floriacensis, Quaestiones Grammaticales, hrsg. u. übers. v. A. Guerreau-Jalabert, Paris 1982.

Abbo von Fleury, Syllogismorum categoricorum et hypotheticorum enodatio, in: A. van de Vyver, Abbonis Floriacensis. Opera inedita I, hrsg. v. R. Raes, Brugge 1966.

Aimon, Vita Abbonis, in: Migne PL 139, Sp. 375-414.

Augustin, Confessiones/Bekenntnisse, hrsg. u. übers. v. J. Bernhart, München 1980[4].

Augustin, De doctrina christiana, hrsg. v. G. M. Green, CSEL LXXX, Wien 1963.

Augustin, Gottesstaat. De Civitate Dei, Bd. 1, Buch I-XVI, übers. v. C.J. Perl, Paderborn/München/Wien 1979.

Beda Venerabilis, De natura rerum, hrsg. v. Ch. W. Jones, Opera Didascalica 1, CC 123A, Turnholt 1975.

Beda Venerabilis, De temporum ratione, hrsg. v. Ch. W. Jones, Opera Didascalica 2, CC 123B, Turnholt 1977.

Beda Venerabilis, Epistula ad Pleguinam, hrsg. v. Ch. W. Jones, Opera Didascalica 3, CC 123C, Turnholt 1980.

Bedae, Opera, hrsg. v. J. Heerwagen, Basel 1563.

Bedae, Opera de temporibus, hrsg. v. Ch. W. Jones, Cambridge Mass. 1943.

Boethius, De institutione arithmetica, hrsg. v. G. Friedlein, Leipzig 1867.

Boethius, Isagoge Porphyrii, hrsg. v. S. Brandt, CSEL 48, Leipzig 1906.

Boethius, Die theologischen Traktate, hrsg. v. M. Elsässer, Hamburg 1988.

Calcidius, Commentarius in Timaeum, hrsg. v. J. H. Waszink, London 1962.

Claudianus Mamertus, Opera, hrsg. v. A. Engelbrecht, CSEL 11, Wien 1885.

Gerbert von Aurillac, De rationali et ratione uti, in: Migne PL 139, Sp. 159-168.

Gerbert von Aurillac, Gerberti Opera Mathematica, hrsg. v. N. Bubnov, Berlin 1899.

Hrabanus Maurus, De Computo, hrsg. v. W. M. Stevens, Turnholt 1979.

Hrabanus Maurus, De Institutione clericorum, hrsg. v. A. Knoepfler, München 1900.

Hyginus, C. Guilio Igino, L'Astronomia, hrsg. u. übers. v. L. Piacente, Bari 1988.

Isidor von Sevilla, Etymologiarum sive origines, in zwei Bänden, hrsg. v. W. M. Lindsay, Oxford 1911, Repr. 1962.

Isidor von Sevilla, Traité de la nature, hrsg. v. J. Fontaine, Bordeaux 1960.

Johannis Scotti Eriugenae, Periphyseon (De Divisione Naturae), Liber Primus, ed. v. J. P. Sheldon-Williams, zs. mit L. Bieler, Dublin 1968.

Johannis Scotti Eriugenae, Periphyseon (De Divisione Naturae), Liber Secundus, ed. v. J. P. Sheldon-Williams, zs. mit L. Bieler, Dublin 1972.

Johannis Scotti Eriugenae, Periphyseon (De Divisione Naturae), Liber Tertius, ed. v. J. P. Sheldon-Williams, zs. mit L. Bieler, Dublin 1981.

Johannis Scoti, Opera, hrsg. v. H. J. Floss 1852, in: Migne PL 122.

Macrobius, Commentarii in somnium Scipionis, Buch I und II., hrsg. v. J. Willis, Leipzig 1970[2].

Petrus Abaelardus, Dialectica, hrsg. v. L. M. DeRijk, Assen 1970.

Plinius Secundus d. Ä., Naturkunde Bd. II, Kosmologie, hrsg. u. übers. v. R. König zs. mit G. Winkler, München 1974.

Richer, Histoire de France, hrsg. v. R. Latouche, Paris 1964[2].

Strabo, The Geography of Strabo, hrsg. u. übers. v. H. L. Jones, London/ Cambridge 1960.

Victorii Calculus, hrsg. v. G. Friedlein, in: Bulletino di bibliografia e di storia delle scienze matematiche e fisiche 4 (1871), S. 443-463.

Vitruvius, De Architectura, Libri Decem, hrsg. v. V. Rose, Leipzig 1899.

Personenregister

Sachregister

* 9 7 8 3 1 1 0 1 3 8 4 9 8 *